초등 4학년

시대에듀

이 책을 펴내며

수학을 공부하는 과정은 때로는 어렵고 도전적이며, 많은 노력이 필요한 여행과 같습니다. 하지만 과정이 힘든 만큼, 이 여정을 통해 여러분은 논리와 창의력이라는 강력한 무기를 손에 넣게 될 것입니다.

이 책을 선택한 여러분은 수학에 더욱 깊이 빠지고 싶은 친구들일 것입니다. 영재교육원과 수학경시대회에 도전하는 것은 큰 용기가 필요합니다. 이러한 도전은 여러분의 한계를 시험할 수 있는 기회가 될 것이며, 나아가 자신의 가능성을 발견할 수 있는 소중한 경험이 될 것입니다.

이 책을 통해 여러분은 영재교육원과 수학경시대회에서 다루는 다양한 유형의 문제와 그동안 접하지 못했던 새로운 유형의 문제들을 만나게 될 것입니다. 문제를 풀면서 여러분이 마주할 난관은 때로는 벅차게 느껴질 수 있지만, 하나씩 해결해 나갈 때마다 여러분은 더욱 단단해질 것입니다.

어려운 수학 문제들을 마주하는 것은 외롭고 힘든 과정일 수 있습니다. 때로는 답을 찾지 못해 막막한 순간도 있을 것입니다. 하지만 바로 그 순간이 여러분이 성장하는 중요한 순간임을 잊지 마세요. 어려움을 이겨내고 한 단계 더 나아가는 과정에서 얻게 되는 성취감은 그 어떤 보상과도 비교할 수 없을 것입니다.

스스로 문제를 해결하는 힘을 기르는 것은 수학적 사고력과 창의성을 키우는 가장 좋은 방법입니다. 수학 문제를 푸는 과정에서 여러분은 더욱 깊이 사고하게 되고, 복잡한 문제를 간단하게 해결하는 능력을 얻게 될 것입니다. 이 능력은 단지 영재교육원이나 수학경시대회를 넘어, 여러분의 삶에도 중요한 역할을 할 것입니다.

이 책을 대하는 여러분의 목표가 단순히 답을 찾는 것이 아니라, 그 답에 이르는 과정에서 스스로 생각하고, 탐구하고, 새로운 방식을 발견하는 것이기를 바랍니다. 문제를 풀면서 느끼는 작은 성취감들이 쌓여 큰 자신감으로 이어질 것이며, 이는 여러분이 앞으로 마주할 다양한 도전의 원동력이 될 것입니다.

때로는 어려움 속에서 얻은 깨달음이 더 큰 기쁨과 보람을 가져다 줍니다. 그러니 이 문제집을 푸는 동안, 때로는 더디게 느껴지더라도 꾸준히 한 걸음씩 나아가세요. 여러분이 자신만의 해법을 찾고, 그 과정에서 성장하는 모습을 상상하며 이 책을 썼습니다.

여러분의 노력과 도전 정신이 어떤 결과를 가져올지 매우 기대됩니다!

끝까지 최선을 다해 문제를 풀고, 자기 자신을 믿고 나아가세요.
이 책이 여러분의 수학 여정에 든든한 동반자가 되기를 바랍니다.

저자 클사람수학연구소

수학경시대회 소개

한국수학경시대회(KMC)

기초 과학의 근간이 되는 수학 성취도를 객관적으로 평가하고, 이공계 우수 인재를 발굴 및 육성하려는 목적으로 한국수학교육학회에서 주최하는 전국 단위의 수학경시대회입니다.
초 · 중 · 고 학생을 응시 대상으로 하는 한국수학인증시험(KMC 예선)은 수학에 흥미를 가진 학생들이 본인의 수학 능력 점검 및 전국에서의 위치를 확인하고, 결과 분석을 통해 학습 전략을 재정립해 볼 수 있는 기회를 제공합니다. 한국수학인증시험 결과, 성적 상위 응시자는 한국수학경시대회(KMC 본선)에 진출하여 보다 심화된 서술형 문제를 통해 수학적 논리력과 창의력을 신장시킬 수 있습니다. 즉, KMC는 우수한 수학 영재를 조기에 발굴하여 국내 이공계 발전에 기여하고, 수준 높은 문제와 평가 도구를 제공하여 수학 교육의 발전에 기여하고자 합니다.
한국수학경시대회(KMC) 평가 항목은 계산능력, 이해능력, 적용능력, 문제해결능력입니다.

전국 수학학력경시대회(성대 경시)

글로벌 영재학회에서 주최하는 전국 단위의 수학경시대회입니다. 시험은 전 · 후기 연 2회 시행되며, 초등 수학경시대회 중에서 난도가 높은 편에 속하는 시험입니다.
문항은 개념적 지식, 절차적 지식, 추론능력, 문제해결능력 등 4개 영역으로 구분하며, 단순한 계산보다는 영역 간의 상호 관련성이 있는 문제가 출제됩니다.

전국 초등 수학 창의사고력 대회(교대 경시)

서울교육대학교 창의인재개발센터에서 주관하는 시험으로, 초등학생의 수학에 대한 관심과 흥미를 증진시키고 창의적 응용과 활용 수준을 파악할 수 있습니다. 교육과정의 성취 수준을 평가할 수 있는 객관식 문항과 창의사고력을 평가할 수 있는 주관식 문항으로 구성되어 있습니다. 시험은 상 · 하반기 연 2회 개최합니다.

한국수학학력평가(KMA)

한국수학학력평가(KMA)는 학생 개개인의 현재 수학 실력에 대한 면밀한 정보를 제공하고자 인공 지능(AI)을 통한 빅 데이터 평가 자료를 기반으로 문항별 · 단원별 분석과 교과 역량 지표를 분석합니다. 또한, 이를 바탕으로 전체 응시자 평균점과 상위 30%, 10% 컷 점수를 알고 본인의 상대적 위치를 확인할 수 있습니다.
한국수학학력평가(KMA)는 단순 점수와 등급 확인을 위한 평가가 아니라 미래 사회가 요구하는 수학 교과 역량 평가 지표 5가지 영역(정보처리능력 · 의사소통능력 · 연결능력 · 추론능력 · 문제해결능력)을 포함하여 평가함으로써 수학 실력 향상의 새로운 기준을 만들었습니다. 시험은 상 · 하반기 연 2회 개최합니다.

왕수학 전국경시대회(KMAO)

왕수학 전국경시대회는 우수한 수학 영재를 조기에 발굴 · 교육하여 수학적 문제해결력과 창의융합적 사고력을 키워 미래의 우수한 글로벌 리더를 키우고자 상 · 하반기에 실시한 한국수학학력평가(KMA)에서 상위 10%의 성적 우수자를 대상으로 연 1회 개최합니다.

MBC 전국 수학학력평가

MBC 씨앤아이가 주최하는 전국 단위의 학력평가로, 초 · 중학교에서도 전국 단위 평가인 고교 '전국연합학력평가'와 동일한 규모의 테스트를 받을 수 있는 시험이며, 연 1회 시행됩니다. 평가 결과를 통해 전국 · 지역별 본인의 상대적 위치를 확인할 수 있고, 취약 부분의 학습 전략 및 상위권 진입을 위한 단계적 전략을 제시해 줍니다. 평가 영역은 계산능력, 이해능력, 적용능력, 문제해결능력이며, 객관식과 주관식 문항으로 구성되어 있습니다.

한국주니어수학올림피아드(KJMO)

KJMO는 중 · 고등부가 참가하는 수학올림피아드(KMO)의 초등학생 버전으로, 대한수학회에서 연 1회 개최하는 수학올림피아드입니다. 깊은 사고력과 문제해결력을 요구하는 심도 깊은 문제들로 구성된 시험으로, 초등학생이 응시 가능한 경시대회 중 최고난도의 시험입니다.

영재교육원 소개

운영하는 곳은?

대학부설 영재교육원은 대학교에서 운영하는 대학부설 기관입니다.
교육청 영재교육원은 교육지원청에서 운영하는 교육청 소속 기관입니다.

모집 시기는?

대학부설 영재교육원의 모집 시기는 대체로 9월에서 11월 사이로, 여름방학이 끝났을 때 시작되는 경우가 많습니다.
교육청 영재교육원의 모집 시기는 11월 말에서 12월 초 사이로, 대학부설 영재교육원보다 1~2개월 늦게 시작됩니다.

지원 방법은?

대학부설 영재교육원은 각 학교별 별도의 홈페이지가 존재하고, 해당 홈페이지에서만 지원할 수 있는 경우가 많습니다. 단, 일부 대학부설 영재교육원도 교육청이 지원하는 곳은 GED 홈페이지를 통해 지원 가능합니다.
교육청 영재교육원은 GED 홈페이지를 통해 지원 가능합니다.

선발 방법은?

대학부설 영재교육원은 자기소개서, 지필시험, 면접 등 각 학교별로 다양한 방법을 통해 영재를 선발하고 있습니다. 모집 요강을 확인하여 지원하고자 하는 대학부설 영재교육원의 선발 방법에 맞게 준비해야 합니다.
교육청 영재교육원은 창의적 문제해결력 검사를 통해 영재를 선발합니다. 단, 경기도 교육청 영재교육원은 선교육 · 후선발 프로그램을 통해 학생을 선발합니다.

우리나라에서 영재교육을 받을 수 있는 방법은 영재학급, 교육청 영재교육원, 대학부설 영재교육원을 통해 받는 방법으로 나뉠 수 있습니다. 선발 방법, 지원 자격, 수업의 난이도와 깊이, 수업을 진행하는 교사 등은 교육기관에 따라 다릅니다.
따라서 학생의 환경과 성향, 준비 과정 및 시간을 고려하여 영재교육원을 선택해야 합니다.

모든 영재교육원의 모집 요강은 영재교육종합데이터베이스(GED)에서 확인 가능하니 반드시 참고하시기 바랍니다.

경시대회 문항 유형 살펴보기

경시대회의 목적

수학경시대회는 학생들이 수학적 사고력을 겨루고, 수학에 대한 흥미와 경쟁심을 고취시키기 위한 목적으로 열립니다.
자신의 실력을 증명하는 기회를 제공하기 위해 경시대회가 열리는 만큼 다양한 난이도의 문제를 시간 내에 해결해야 하며, 우수한 성적을 거둔 학생들에게는 상을 수여합니다.

경시대회의 문항 형태

주로 단답형이 많지만, 서술형이 포함된 경시대회도 있습니다.
수학경시대회의 경우 수학적 창의성도 중요하게 생각하지만, 제일 중요하게 생각하는 것은 문제해결력입니다. 따라서 복잡한 문제 상황에서 제시된 조건을 빠르게 파악하고, 자신만의 문제해결 전략을 필요로 하는 문항이 출제됩니다.
경시대회에서는 필요에 따라 선행 학습을 한 경우에 유리한 문항이 출제될 수도 있지만, 현행 교육과정 내에서 출제되기 때문에 교과 수학을 제대로 이해하고 있는지, 이를 이용한 심화 교과 수학 문항을 해결할 수 있는지 알아보는 문항이 출제됩니다.

경시대회 대비하기

대체로 답의 결과가 복잡하게 나오는 경우가 많습니다. 문제를 해결하는 과정에서는 계산력을 요구하는 경우도 많으므로 평소에 계산 연습을 충분히 해 두어야 합니다.
또한, 다양한 경시대회의 심화 문항들을 많이 접해 보고, 자신만의 문제해결 전략을 세워 문제가 요구하는 답을 구하는 연습을 많이 해야 합니다.
선행 학습을 못했다는 걱정을 하기보다는, 주어진 상황에서 내가 알고 있는 개념을 이용해 문제를 해결할 수 있는 방법을 유연하게 생각해 보려는 노력을 해야 합니다.

영재교육원 문항 유형 살펴보기

영재교육원의 목적

영재교육원의 목적은 수학적으로 창의적인 학생들을 선발하여 그들의 잠재력을 발휘할 수 있도록 특별한 영재교육 프로그램에 참여시키는 것입니다.

영재교육원 선발시험의 문항 형태

영재교육원 선발시험은 학년급별 교육과정 수준 내에서 영재성, 비판적 사고력, 종합적 탐구 능력을 측정하는 문항으로 구성되어 있습니다.
영재교육기관에 적합한 학생을 선발해야 하므로 단순 교과 심화 문항보다는 주로 추론능력, 논리력, 수학적 창의성을 측정하기 위한 문항들이 출제됩니다.
추론능력과 논리력을 평가하기 위해 규칙성, 논리 게임 등이 주요 소재가 되는 경우가 많으며, 수학적 창의성을 측정하기 위해 가능한 경우를 모두 찾는 문항, 유연한 사고 등을 측정하는 문항 등이 출제될 수 있습니다.
문항의 유형은 주로 대문항에 소문항이 3~4개씩 주어지며, 각 소문항이 유기적인 연결 관계가 있어 앞선 문항을 해결하지 못할 경우 마지막 소문항을 해결하는 데 어려움을 겪을 수 있습니다. 소문항은 1번부터 순차적으로 문항의 난도가 높아질 수 있으며, 1번은 다른 2, 3번 문항의 해결의 단서가 될 수 있습니다. 따라서 문제 상황을 차근차근 파악한 후, 소문항 1번부터 해결해 나가는 것이 중요합니다.

영재교육원 선발시험 대비하기

영재교육원 선발시험은 창의융합형 문항이 많이 출제되는데, 주어진 문제의 맥락과 정보, 조건을 빠르게 파악해야 합니다.
주로 타 영역이나 실생활과 연계해서 출제되므로 문제를 해결하기 위해 평소 문해력을 키우고, 문제가 요구하는 사항을 이해하는 능력을 기를 수 있도록 연습해야 합니다.

이 책의 구성과 특징

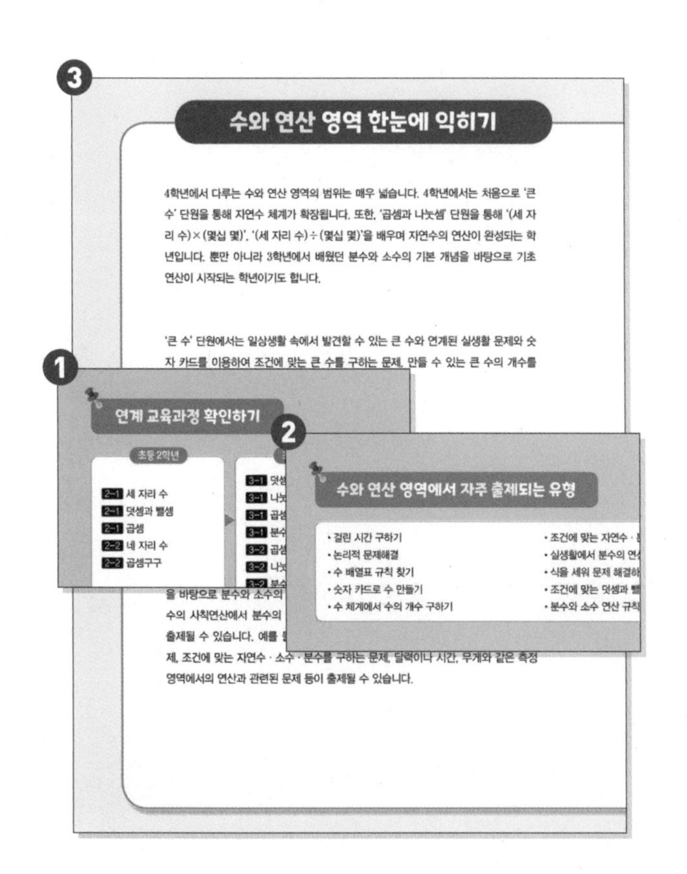

STEP 1 단원별 알아보기

❶ 연계 교육과정 확인하기

각 단원 학습을 위해 필요한 교과 개념을 점검해 보세요.

❷ 자주 출제되는 유형

각 단원에서 출제되는 유형을 확인하고, 출제 경향을 파악해 보세요.

❸ 한눈에 익히기

각 영역에서 다루게 되는 교육과정 및 문항 유형을 한눈에 익힐 수 있어요.

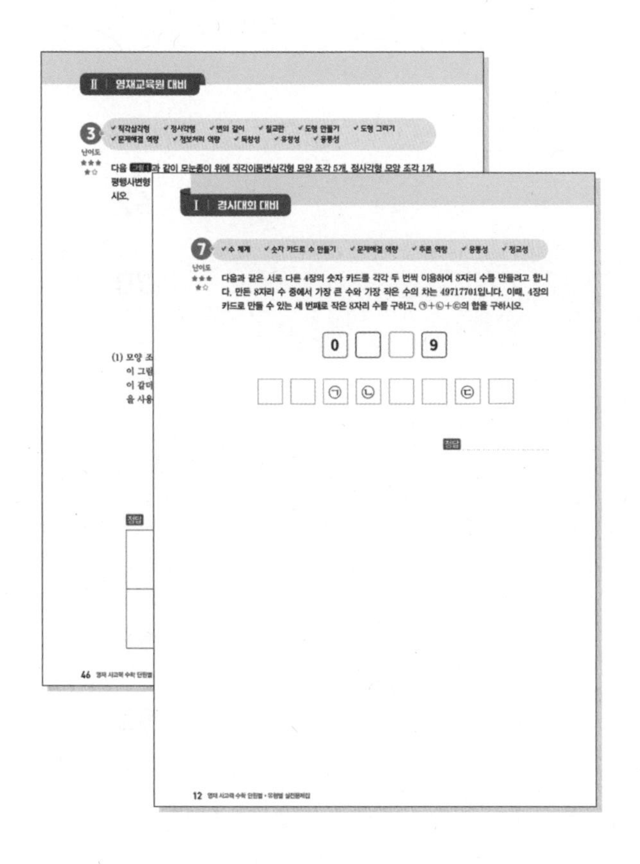

STEP 2 유형별 학습하기

경시대회 대비 vs 영재교육원 대비

- 경시대회와 영재교육원 선발시험의 출제 유형을 구분하여 학습해 보세요.
- 문제해결에 필요한 수학적 개념 및 교육과정의 성취 기준과 필요로 하는 역량을 확인할 수 있어요.

이 책의 차례

영재 사고력 수학
단원별 · 유형별 실전문제집

문제편

I

수와 연산

연계 교육과정 확인하기

초등 2학년

- 2-1 세 자리 수
- 2-1 덧셈과 뺄셈
- 2-1 곱셈
- 2-2 네 자리 수
- 2-2 곱셈구구

초등 3학년

- 3-1 덧셈과 뺄셈
- 3-1 나눗셈
- 3-1 곱셈
- 3-1 분수와 소수
- 3-2 곱셈
- 3-2 나눗셈
- 3-2 분수

초등 4학년

- 4-1 큰수
- 4-1 곱셈과 나눗셈
- 4-1 분수의 덧셈과 뺄셈
- 4-2 소수의 덧셈과 뺄셈

수와 연산 영역에서 자주 출제되는 유형

- 걸린 시간 구하기
- 논리적 문제해결
- 수 배열표 규칙 찾기
- 숫자 카드로 수 만들기
- 수 체계에서 수의 개수 구하기
- 조건에 맞는 자연수 · 분수 · 소수 구하기
- 실생활에서 분수의 연산
- 식을 세워 문제 해결하기
- 조건에 맞는 덧셈과 뺄셈
- 분수와 소수 연산 규칙 찾기

수와 연산 영역 한눈에 익히기

4학년에서 다루는 수와 연산 영역의 범위는 매우 넓습니다. 4학년에서는 처음으로 '큰 수' 단원을 통해 자연수 체계가 확장됩니다. 또한, '곱셈과 나눗셈' 단원을 통해 '(세 자리 수)×(몇십 몇)', '(세 자리 수)÷(몇십 몇)'을 배우며 자연수의 연산이 완성되는 학년입니다. 뿐만 아니라 3학년에서 배웠던 분수와 소수의 기본 개념을 바탕으로 기초 연산이 시작되는 학년이기도 합니다.

'큰 수' 단원에서는 일상생활 속에서 발견할 수 있는 큰 수와 연계된 실생활 문제와 숫자 카드를 이용하여 조건에 맞는 큰 수를 구하는 문제, 만들 수 있는 큰 수의 개수를 세는 문제 등이 출제될 수 있습니다.

'곱셈과 나눗셈' 단원에서는 자연수 범위에서 곱셈과 나눗셈 연산을 자유롭게 활용할 수 있으므로 문제해결 유형의 문제가 연산의 제약 없이 출제될 수 있습니다. 걸린 시간, 거리, 무게 등 식을 세워 구하는 논리적 문제해결 유형의 문제가 다양하게 출제될 수 있습니다.

4학년은 3학년 때 배웠던 분수와 소수의 기본 개념, 대분수 · 가분수 · 진분수의 개념을 바탕으로 분수와 소수의 기본 연산을 학습하는 학년입니다. 수의 연산 체계가 자연수의 사칙연산에서 분수의 덧셈과 뺄셈으로 확장되었기 때문에 다양한 문제 유형이 출제될 수 있습니다. 예를 들어, 분수와 소수의 배열표에서 규칙을 찾아 연산하는 문제, 조건에 맞는 자연수 · 소수 · 분수를 구하는 문제, 달력이나 시간, 무게와 같은 측정 영역에서의 연산과 관련된 문제 등이 출제될 수 있습니다.

즉, 수와 연산의 영역에서는 논리적으로 식을 세워 해결해야 하는 일반적인 유형의 문제, 일상생활의 조건을 이용하여 해결하는 문제, 자연수 · 소수 · 분수 등의 수 체계를 만들어 연산하는 문제, 수를 나열한 배열표에서 규칙을 찾아 추론하는 문제, 측정 영역(시간, 무게 등)과 연계한 연산 문제 등이 출제될 수 있습니다.

따라서 이 단원을 학습하는 데 있어 가장 중요하게 생각해야 할 부분은 기본적인 연산 능력을 키워야 하는 것입니다.(예상치 못한 연산 실수로 틀리는 경우가 많이 있습니다.) 또한, 3학년 때 배운 자연수 · 소수 · 분수의 핵심 개념을 바탕으로 문제에서 요구하는 조건을 빠르게 파악하는 것이 중요합니다.

수와 연산의 영역에서는 특성상 많은 조건이 문장으로 제시되기 때문에 문제에서 묻는 것이 무엇인지 파악할 수 있는 문해력 또한 매우 중요합니다.

I 경시대회 대비

1 ✔ 소수의 덧셈과 뺄셈 ✔ 걸린 시간 구하기 ✔ 문제해결 역량 ✔ 추론 역량 ✔ 융통성

난이도 ★☆☆☆☆

배달 로봇인 딜리와 버리는 일정한 빠르기로 이동합니다. 딜리는 한 시간에 3.6 km를 이동하고, 버리는 한 시간에 2.64 km를 이동합니다. 서로 반대편에서 마주보고 있는 두 배달 로봇이 동시에 출발하여 일직선 위를 움직이다가 210분이 지난 후 정중앙에서 만났습니다. 딜리는 출발 후 몇 분을 쉬어야 일직선 위의 정중앙에서 버리를 만날 수 있는지 구하시오.

(단, 버리는 중간에 한 번도 쉬지 않습니다.)

딜리

버리

정답 ....

▶ 정답 및 해설 2쪽

2 ✔ 소수의 덧셈과 뺄셈 ✔ 연역 논리 ✔ 의사소통 역량 ✔ 정보처리 역량 ✔ 정교성

난이도 ★★☆☆☆

선우, 서연, 지희, 시윤, 재영, 시우 여섯 명의 친구가 몸무게를 재고 있습니다. 시우의 몸무게가 46.3 kg일 때, 조건 을 이용하여 시우를 제외한 다섯 명의 친구의 몸무게를 구해 다음 표를 완성하시오.

조건

① 시우의 몸무게는 서연이보다 4.7 kg 무겁다.
② 시윤이의 몸무게는 시우보다 7.32 kg 가볍고, 지희보다 2.87 kg 무겁다.
③ 선우의 몸무게는 서연이보다 5.08 kg 무겁고, 재영이보다 1.9 kg 가볍다.

정답

이름	선우	서연	지희	시윤	재영
몸무게(kg)					

3 ✔ 자연수의 연산 ✔ 수 배열표 ✔ 문제해결 역량 ✔ 추론 역량 ✔ 정교성

난이도 ★★☆☆☆

수 배열표에서 다음과 같이 6개의 수로 계단 모양을 만들었습니다. 이렇게 만든 어떤 계단 모양 안의 수의 합이 468일 때, 가장 작은 수와 가장 큰 수의 합을 구하시오.

(단, 계단 모양을 돌리거나 뒤집는 경우는 생각하지 않습니다.)

1	2	3	4	5	6	7	8	9	10	11
12	13	14	15	16	17	18	19	20	21	22
23	24	25	26	27	28	29	30	31	32	33
34	35	36	37	38	39	40	41	42	43	44
45	46	47	48	49	50	51	52	53	54	55
⋮	⋮	⋮	⋮	⋮	⋮	⋮	⋮	⋮	⋮	⋮

정답 ....

정답 및 해설 3쪽

4 ✔ 분수의 성질 ✔ 논리적 문제해결 ✔ 문제해결 역량 ✔ 추론 역량 ✔ 정교성

난이도 ★★★☆☆

5명의 친구들이 각자 책을 읽고 있습니다. 다음 조건 에서 초롱이가 읽은 책과 책을 읽은 시간을 각각 구하시오.

조건

① 하늘이는 소설책을 읽는 친구의 2배, 동화책을 읽는 친구의 $\frac{1}{4}$배만큼의 시간 동안 책을 읽었습니다.
② 지혜와 하늘이가 책을 읽은 시간은 합해서 60분이고, 지혜가 책을 읽은 시간은 하늘이가 책을 읽은 시간보다 5배 많습니다.
③ 역사책을 읽은 친구가 책을 읽은 시간은 지혜가 책을 읽은 시간의 $\frac{1}{2}$배만큼이고 사랑이가 책을 읽은 시간은 태양이가 책을 읽은 시간의 5배입니다.
④ 가장 오랜 시간 동안 책을 읽은 친구는 만화책을 읽었으며, 위인전을 읽은 친구는 동화책을 읽은 친구의 $\frac{1}{4}$배만큼의 시간 동안 책을 읽었습니다.

정답 읽은 책: , 책을 읽은 시간:

✔ 분수의 덧셈 ✔ 수 배열 규칙 찾기 ✔ 연속한 수의 합 ✔ 문제해결 역량 ✔ 정보처리 역량
✔ 유창성 ✔ 융통성

난이도 ★★★☆☆

일정한 규칙에 따라 분수판을 완성했습니다. 첫 번째 분수판부터 열 번째 분수판까지의 분수판의 모든 분수를 더한 값을 구하시오.

첫 번째 분수판				
$\frac{1}{5}$	$\frac{2}{5}$	$\frac{3}{5}$	$\frac{4}{5}$	$\frac{5}{5}$
$\frac{2}{5}$	$\frac{3}{5}$	$\frac{4}{5}$	$\frac{5}{5}$	$\frac{4}{5}$
$\frac{3}{5}$	$\frac{4}{5}$	$\frac{5}{5}$	$\frac{4}{5}$	$\frac{3}{5}$
$\frac{4}{5}$	$\frac{5}{5}$	$\frac{4}{5}$	$\frac{3}{5}$	$\frac{2}{5}$
$\frac{5}{5}$	$\frac{4}{5}$	$\frac{3}{5}$	$\frac{2}{5}$	$\frac{1}{5}$

두 번째 분수판				
$1\frac{1}{5}$	$1\frac{2}{5}$	$1\frac{3}{5}$	$1\frac{4}{5}$	$1\frac{5}{5}$
$1\frac{2}{5}$	$1\frac{3}{5}$	$1\frac{4}{5}$	$1\frac{5}{5}$	$1\frac{4}{5}$
$1\frac{3}{5}$	$1\frac{4}{5}$	$1\frac{5}{5}$	$1\frac{4}{5}$	$1\frac{3}{5}$
$1\frac{4}{5}$	$1\frac{5}{5}$	$1\frac{4}{5}$	$1\frac{3}{5}$	$1\frac{2}{5}$
$1\frac{5}{5}$	$1\frac{4}{5}$	$1\frac{3}{5}$	$1\frac{2}{5}$	$1\frac{1}{5}$

세 번째 분수판				
$2\frac{1}{5}$	$2\frac{2}{5}$	$2\frac{3}{5}$	$2\frac{4}{5}$	$2\frac{5}{5}$
$2\frac{2}{5}$	$2\frac{3}{5}$	$2\frac{4}{5}$	$2\frac{5}{5}$	$2\frac{4}{5}$
$2\frac{3}{5}$	$2\frac{4}{5}$	$2\frac{5}{5}$	$2\frac{4}{5}$	$2\frac{3}{5}$
$2\frac{4}{5}$	$2\frac{5}{5}$	$2\frac{4}{5}$	$2\frac{3}{5}$	$2\frac{2}{5}$
$2\frac{5}{5}$	$2\frac{4}{5}$	$2\frac{3}{5}$	$2\frac{2}{5}$	$2\frac{1}{5}$

…
…

정답 ....

▶ 정답 및 해설 4쪽

✔ 소수의 덧셈과 뺄셈 ✔ 분수의 의미 ✔ 무게 구하기 ✔ 문제해결 역량 ✔ 의사소통 역량 ✔ 융통성

난이도 ★★★☆☆

크기와 모양이 같은 2개의 병에 각각 딸기잼과 땅콩잼이 가득 들어 있고, 잼이 들어 있는 유리병 2개의 무게의 합은 5.8 kg입니다. 딸기잼의 $\frac{1}{5}$만큼 사용한 후, 잼이 들어 있는 유리병 2개의 무게를 재었더니 5.2 kg이고, 그 다음 땅콩잼의 $\frac{1}{4}$만큼 사용한 후, 잼이 들어 있는 유리병 2개의 무게를 다시 재었더니 4.8 kg이었습니다. 이때, 유리병 1개의 무게를 구하시오.

정답 ....

7 ✔ 수 체계 ✔ 숫자 카드로 수 만들기 ✔ 문제해결 역량 ✔ 추론 역량 ✔ 융통성 ✔ 정교성

난이도 ★★★★☆

다음과 같은 서로 다른 4장의 숫자 카드를 각각 두 번씩 이용하여 8자리 수를 만들려고 합니다. 만든 8자리 수 중에서 가장 큰 수와 가장 작은 수의 차는 49717701입니다. 이때, 4장의 카드로 만들 수 있는 세 번째로 작은 8자리 수를 구하고, ㉠+㉡+㉢의 합을 구하시오.

0			9

		㉠	㉡			㉢	

정답 ....

▶ 정답 및 해설 5쪽

✔ 큰 수 ✔ 숫자 카드 ✔ 조건에 맞는 수 구하기 ✔ 문제해결 역량 ✔ 정보처리 역량
✔ 융통성 ✔ 유창성 ✔ 정교성

난이도 ★★★★★

1, 3, 5, 7, 9의 숫자 카드가 각각 2장씩 있습니다. 5장의 숫자 카드를 이용하여 다섯 자리 수를 만들 때, 10번째로 작은 수와 10번째로 큰 수의 차를 구하시오.

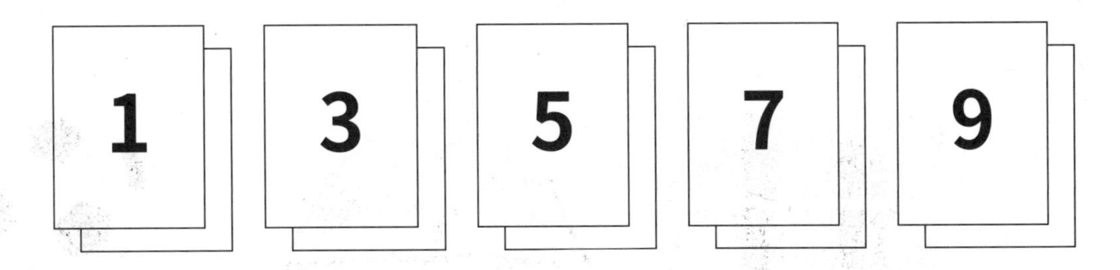

정답 ....

I 영재교육원 대비

1 ✔ 수의 연산 ✔ 식 세우기 ✔ 정보처리 역량 ✔ 추론 역량 ✔ 융통성

난이도 ★★☆☆☆

문구 세트, 동화책, 축구공의 무게에 대한 조건 이 다음과 같습니다. 물음에 답하시오.

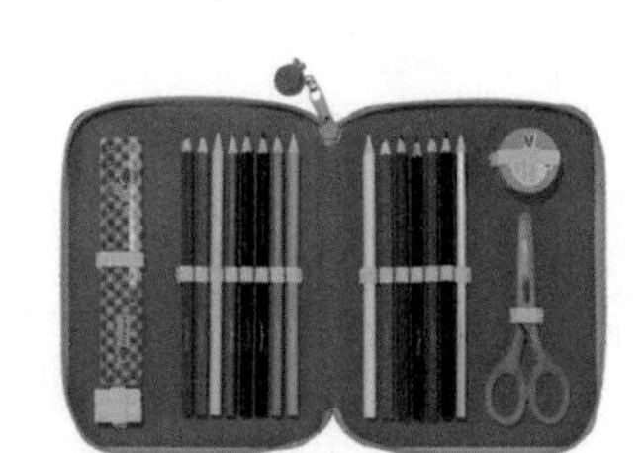

조건

① 문구 세트, 동화책, 축구공의 무게의 합은 1 kg 80 g이다.
② 문구 세트의 무게는 동화책과 축구공의 무게를 합한 것보다 120 g 더 가볍다.
③ 축구공은 동화책보다 3배 더 무겁다.

(1) 문구 세트의 무게를 구하시오.

정답 ....

(2) 축구공과 동화책의 무게를 각각 구하시오.

정답 축구공의 무게: , 동화책의 무게:

(3) 문구 세트 6개, 동화책 12권, 축구공 3개를 각각 같은 종류끼리 포장하여 아프리카의 학교로 보내려고 합니다. 아프리카로 보내는 국제 우편요금이 다음과 같을 때, 요금은 모두 얼마인지 구하시오.

무게	요금	무게	요금
~299 g	20000원	1 kg 500 g~1 kg 749 g	27000원
300 g~500 g	22000원	1 kg 750 g~1 kg 999 g	29500원
500 g~749 g	23000원	2 kg~2 kg 249 g	31500원
750 g~999 g	24000원	2 kg 250 g~2 kg 449 g	32500원
1 kg~1 kg 249 g	25000원	2 kg 500 g~2 kg 749 g	33500원
1 kg 250 g~1 kg 449 g	26000원	2 kg 750 g~2 kg 999 g	34500원

정답 ....

2

✔ 수 체계 ✔ 수의 개수 구하기 ✔ 문제해결 역량 ✔ 융통성 ✔ 정교성

난이도 ★★★☆☆

발명품 경진대회에 총 728개의 발명품이 전시되었습니다. 각 발명품마다 1번부터 728번까지 0부터 9까지의 숫자가 적힌 스티커를 이용해 번호표를 붙였습니다. 물음에 답하시오.

(1) 28번까지 번호를 붙이고 난 후, 스티커 142개를 사용하여 번호를 이어 붙였습니다. 그 이후 다음에 붙일 번호는 몇 번인지 구하시오.

정답 ....

(2) 392번까지 붙였더니 숫자 5의 스티커가 한 개도 남지 않았습니다. 남은 번호를 모두 붙이려면 숫자 5의 스티커가 몇 개 더 필요한지 구하시오.

정답 ....

(3) 430번부터 526번까지의 번호 중에서 2 또는 5가 포함된 번호는 반려동물을 위한 발명품입니다. 반려동물을 위한 발명품의 개수를 구하시오.

정답 ....

3

✔ 분수의 덧셈과 뺄셈 ✔ 달력 변환 ✔ 규칙 덧셈 ✔ 의사소통 역량 ✔ 연결 역량 ✔ 정보처리 역량 ✔ 유창성 ✔ 융통성 ✔ 정교성

난이도 ★★★☆☆

날짜를 분수로 나타내는 분수 달력이 있습니다. 이 달력이 날짜를 나타내는 방법은 다음과 같이 방법 ❶과 방법 ❷가 있습니다. 물음에 답하시오.

(단, 2030년은 2월이 28일까지 있습니다.)

방법

	규칙	예시
방법 ❶	1년을 365일로 하여 분수로 나타낸다.	• 2030년 1월 3일 → 2030년 $\frac{3}{365}$일 • 2030년 2월 1일 → 2030년 $\frac{32}{365}$일
방법 ❷	1년을 월과 일로 나누어 분수로 나타낸다.	• 2030년 1월 3일 → 2030년 $\frac{1}{12}$월 $\frac{3}{31}$일 • 2030년 2월 1일 → 2030년 $\frac{2}{12}$월 $\frac{1}{28}$일

(1) 분수 달력을 이용하여 2030년 4월 1일을 방법 ❶과 방법 ❷로 각각 나타내시오.

정답

방법 ❶	
방법 ❷	

(2) 방법 ❷를 이용한 분수 달력의 2030년 $\frac{■}{12}$월 $\frac{△}{★}$일에서 ■는 짝수입니다. 이 날짜를 방법 ❶로 나타낼 때 가능한 방법은 모두 몇 가지인지 구하시오.

정답 ....

(3) 방법 ❷를 이용한 분수 달력의 2030년 $\frac{■}{12}$월 $\frac{■}{★}$일에서 ■는 짝수입니다. 이 날짜를 방법 ❶로 나타낼 때 연도를 제외한 분수 부분에서 가능한 분수를 모두 더한 값을 구하시오. (단, ■는 서로 같은 수를 나타냅니다.)

정답 ....

✔ 분수의 덧셈과 뺄셈 ✔ 대분수 ✔ 조건에 맞는 덧셈 ✔ 정보처리 역량 ✔ 추론 역량
✔ 유창성 ✔ 융통성 ✔ 정교성

난이도 ★★★☆☆

1개의 원 안에 있는 분수의 합은 모두 10입니다. 물음에 답하시오.

(1) ㄱ과 ㄴ의 합을 구하시오.

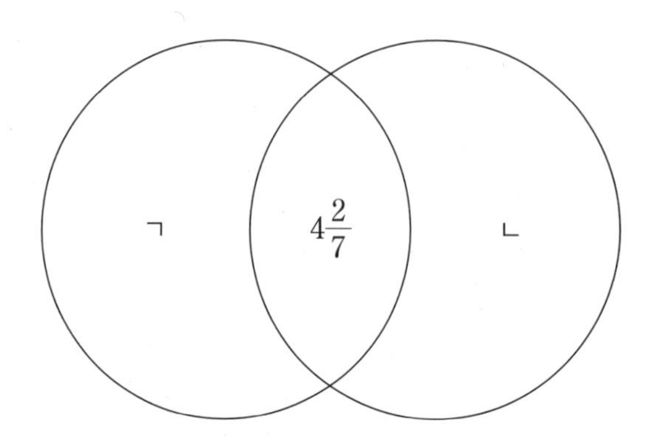

정답 ....

(2) ㄱ, ㄴ, ㄷ의 값을 각각 구하시오.

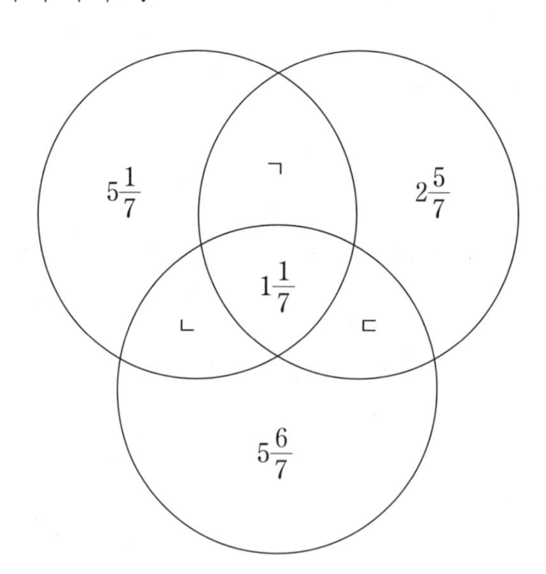

정답 ㄱ: , ㄴ: , ㄷ:

정답 및 해설 9쪽

(3) 다음을 만족하는 ㄱ, ㄴ, ㄷ, ㄹ, ㅁ을 (ㄱ, ㄴ, ㄷ, ㄹ, ㅁ)으로 나타낼 때, 가능한 (ㄱ, ㄴ, ㄷ, ㄹ, ㅁ)의 개수를 구하시오. (단, ㄱ, ㄴ, ㄷ, ㄹ, ㅁ은 모두 분수입니다.)

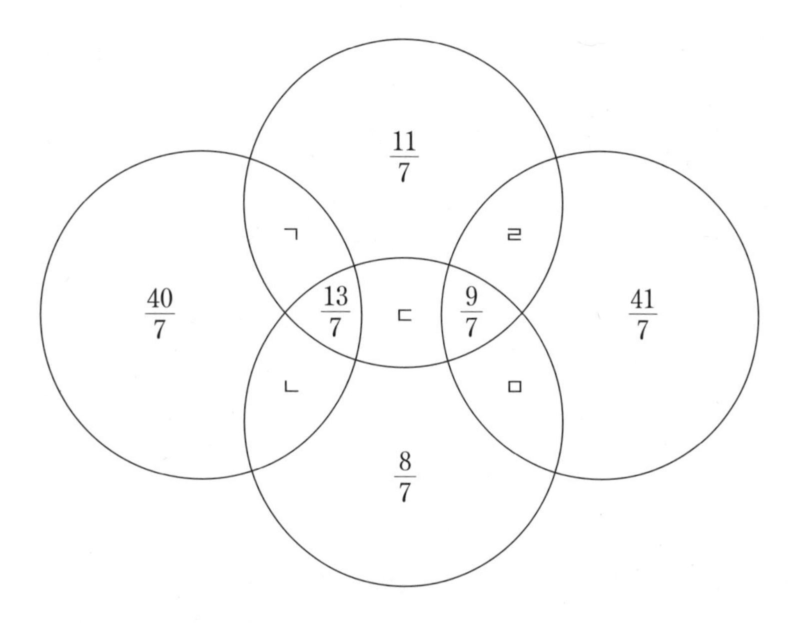

정답

5

✔ 수 체계 ✔ 조건에 맞는 수 구하기 ✔ 문제해결 역량 ✔ 추론 역량 ✔ 유창성 ✔ 정교성

난이도 ★★★★☆

각각의 조건 에 맞는 자연수를 구하려고 합니다. 물음에 답하시오.

(1) 다음 조건 을 만족하는 자연수 중에서 가장 큰 수와 가장 작은 수의 차를 구하시오.

조건

① 네 자리 자연수입니다.
② 백의 자리 수는 천의 자리 수를 2배 한 수와 3만큼 차이가 납니다.
③ 백의 자리 수와 십의 자리 수의 차는 2입니다.
④ 십의 자리 수와 일의 자리 수의 차는 1입니다.
⑤ 백의 자리 수와 일의 자리 수의 차는 3입니다.

정답 ....

▶ 정답 및 해설 10쪽

(2) 다음 **조건** 을 만족하는 자연수는 모두 몇 개인지 구하시오.

조건

① 여섯 자리 자연수입니다.
② 십만의 자리 수는 만의 자리 수보다 2가 작습니다.
③ 만의 자리 수와 천의 자리 수의 차는 3입니다.
④ 천의 자리 수와 백의 자리 수의 차는 2입니다.
⑤ 백의 자리 수와 십의 자리 수의 차는 1입니다.
⑥ 십의 자리 수와 일의 자리 수의 차는 3입니다.
⑦ 십만의 자리 수와 십의 자리 수는 같습니다.

정답 ....

6

✔ 분수의 덧셈과 뺄셈 ✔ 규칙 덧셈 ✔ 문제해결 역량 ✔ 정보처리 역량 ✔ 추론 역량
✔ 유창성 ✔ 융통성 ✔ 정교성

난이도 ★★★★☆

그림 1과 같이 같은 분수끼리 직선으로 이으려고 합니다. 직선들이 서로 만나서 생기는 점의 값은 두 분수를 더한 값과 같습니다. 물음에 답하시오.

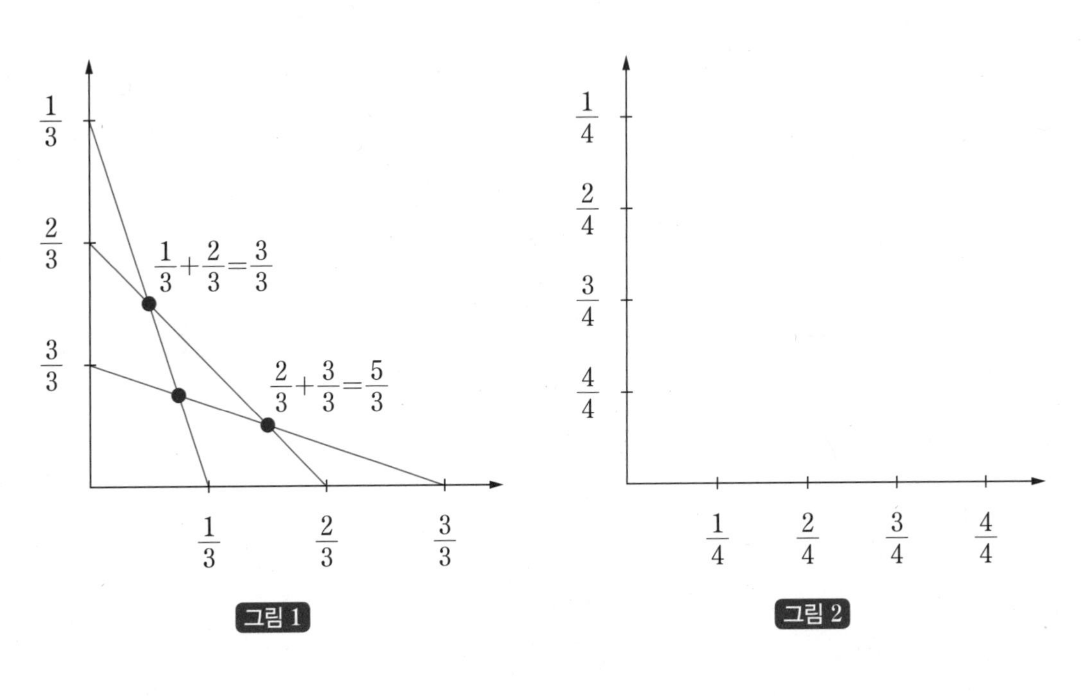

그림 1 그림 2

(1) 그림 2에서 만나는 점은 모두 몇 개인지 구하시오.

정답 ....

(2) 그림 2에서 만나는 점들의 값을 모두 더한 값을 구하시오.

정답 ....

▶ 정답 및 해설 13쪽

(3) 다음 그림 3 에서 만나는 점들의 값을 모두 더한 후 그 값을 소수로 나타내시오.

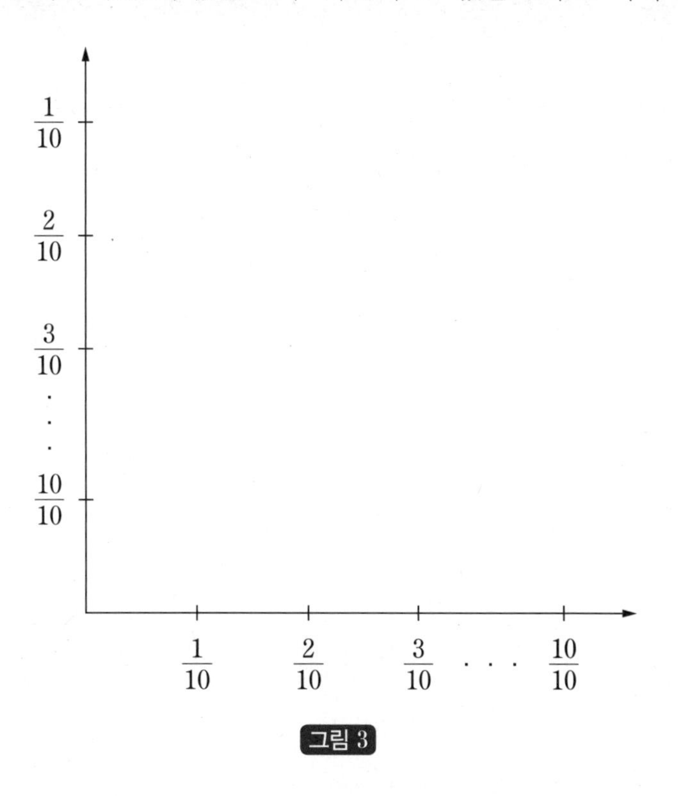

그림 3

정답 ....

7 ✔ 수의 연산 ✔ 조건에 맞는 수 구하기 ✔ 문제해결 역량 ✔ 추론 역량 ✔ 정교성

난이도 ★★★★★

소수는 1과 그 수 자신 이외의 자연수로는 나눌 수 없는 1보다 큰 자연수입니다. 다음은 1부터 100 사이의 소수를 모두 나열한 것으로, 이 소수를 알맞게 사용하여 표를 완성하려고 합니다. 물음에 답하시오.

2, 3, 5, 7, 11, 13, 17, 19, 23, 29, 31, 37, 41, 43, 47,
53, 59, 61, 67, 71, 73, 79, 83, 89, 97

(1) 가로, 세로, 대각선의 합이 모두 111이 되도록 표를 완성하려고 합니다. 2열과 3열의 알맞은 소수를 순서대로 쓰시오.

	1열	2열	3열
1행	㉠㉡	7㉥	㉧
2행	㉢㉣	㉦7	㉨㉩
3행	㉤7	1	㉪㉫

정답 2열: ( ), ( ) / 3열 ( ), ( ), ( )

정답 및 해설 15쪽

(2) 다음 표는 위의 소수를 이용하여 가로, 세로, 대각선의 합이 모두 177이 되도록 만든 것입니다. 가와 나에 들어갈 알맞은 수를 각각 구하시오.

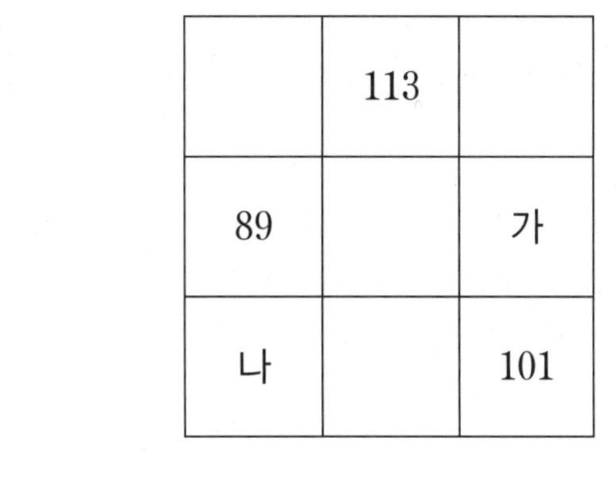

	113	
89		가
나		101

정답 가: , 나:

8

✔ 소수의 개념 ✔ 소수 만들기 ✔ 경우의 수 ✔ 문제해결 역량 ✔ 의사소통 역량
✔ 정보처리 역량 ✔ 유창성 ✔ 융통성 ✔ 정교성

난이도 ★★★★★

다음은 비밀번호가 소수인 디지털 금고에 대한 설명입니다. 물음에 답하시오.

소수를 차례대로 눌러야 열리는 디지털 금고가 있습니다. 소수와 소수 사이에는 #을 눌러 구분합니다. (단, 1.0과 같이 자연수 뒤에 소수점이 있는 경우와 1.10과 같이 소수 마지막 자리에 0이 있는 경우는 생각하지 않습니다.)

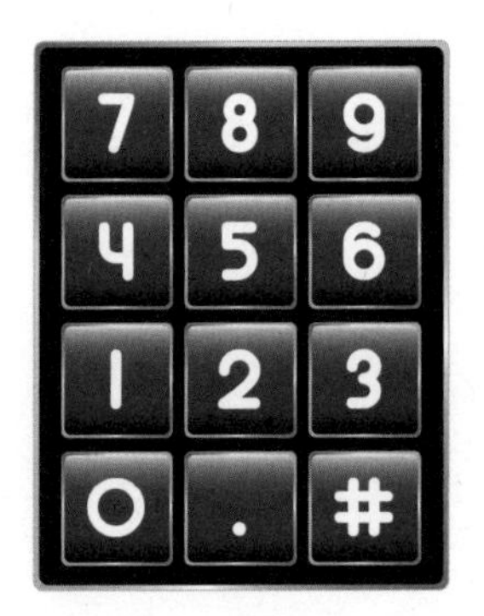

예시

만약 비밀번호가 "2.58#0.258"이라면 2, . , 5, 8을 차례로 누르고 소수와 소수를 구분하기 위해 #을 누릅니다. 다음으로 0, . , 2, 5, 8을 차례로 누르면 금고가 열립니다.

(1) 다음은 각 버튼이 눌린 횟수를 표로 나타낸 것입니다. 이때, 이 디지털 금고의 비밀번호를 구하시오.

버튼	누른 횟수 (회)
0	2
1	2
.	2
#	1

정답 ....

(2) 다음은 각 버튼이 눌린 횟수를 표로 나타낸 것입니다. 이때, 가능한 디지털 금고의 비밀번호를 모두 구하시오.

버튼	누른 횟수 (회)
0	3
5	1
2	1
.	2
#	1

정답 ……………………………

(3) 다음은 각 버튼이 눌린 횟수를 표로 나타낸 것입니다. 이때, 가능한 디지털 금고의 비밀번호는 모두 몇 가지인지 구하시오.

버튼	누른 횟수 (회)
0	3
3	2
8	2
.	3
#	2

정답 ……………………………

Ⅱ

도형과 측정

연계 교육과정 확인하기

초등 2학년

- 2-1 여러 가지 도형
- 2-1, 2-2 길이재기
- 2-2 시각과 시간

초등 3학년

- 3-1 평면도형
- 3-1 길이와 시간
- 3-2 원
- 3-2 들이와 무게

초등 4학년

- 4-1 각도
- 4-2 삼각형
- 4-2 사각형
- 4-2 다각형
- 4-1 평면도형의 이동

도형과 측정 영역에서 자주 출제되는 유형

- 크고 작은 삼각형 · 사각형 · 다각형
- 지오보드(점판)을 활용해 도형 만들기
- 칠교판을 활용해 도형 만들기
- 주어진 조건으로 도형 작도하기
- 종이 접고 펼치기 · 오리기
- 다각형의 각도 구하기
- n각형 구하기
- 모양 조각으로 다각형 만들기
- 육각형의 성질 이용하기
- 도형을 돌려서 이어붙이기(테셀레이션)
- SW 연계 평면도형의 이동
- 만들 수 있는 도형의 개수 구하기
- 펜토미노, 테트라미노, 테트라볼로, 테트라헥스

도형과 측정 영역 한눈에 익히기

초등학교 4학년은 도형의 체계를 본격적으로 다루는 학년으로, 출제 유형이 3학년에 비해 매우 다양해집니다.

4학년에서는 기하의 기본 개념인 점과 선을 바탕으로 '각도'를 처음 배우게 됩니다. 3학년에서 다룬 평면도형을 확장하여 평면도형의 이동(밀기, 뒤집기, 돌리기)과 관련된 문제는 수학경시대회 및 영재교육원 평가에서 자주 출제되는 유형입니다. 그 이유는 평면도형의 이동은 수학적 사고력과 수학적 창의성을 평가하는 데 효과적인 소재이기 때문입니다.

또한, 다각형의 체계에 대해서도 구체적으로 배웁니다. 삼각형을 각의 크기와 변의 길이에 따라 두 가지 기준으로 분류하고, 그 특성에 대해 정확히 이해하고 있어야 삼각형과 관련된 다양한 유형에 대비할 수 있습니다. 특히, 정삼각형의 성질을 활용한 문제가 많이 출제되므로, 정삼각형을 정확하게 이해하고 이를 변형하거나 활용하여 문제를 해결할 수 있어야 합니다.

마름모, 사다리꼴, 직사각형, 정사각형 등의 도형의 뜻을 명확히 알고, 사각형의 체계와 성질을 이해해야 사각형과 관련된 다양한 창의융합형 유형의 문제를 효과적으로 해결할 수 있습니다.

특히, 삼각형과 사각형에서는 도형의 성질을 유창하고 정교하게 다룰 수 있어야 도형 이어 붙이기, 도형 겹치기, 거울에 반사시키기, 만들 수 있는 크고 작은 도형 빠짐없이 세기 등과 같은 다양한 유형의 문제를 해결할 수 있습니다.

마지막으로 정육각형, 정칠각형 등 정다각형과 관련해서는 규칙성에 기반을 둔 사고를 할 수 있어야 하며, 정다각형을 이어 붙여 무늬 만들기(테셀레이션) 등과 같은 실생활과 융합할 수 있는 융합적 사고가 필요합니다.

4학년에서 학습하는 도형 영역에서는 주로 평면도형을 다루지만, 1학년 때 간단히 배운 입체도형을 응용한 쌓기나무, 주사위와 같은 유형의 문항도 출제될 가능성을 염두에 두어야 합니다.

측정 영역에서 각도는 다양한 영역과 연계될 수 있는 개념입니다. 특히, 3학년에서 학습한 '시각과 시간', '각도', '도형'과의 연계 문제는 자주 출제됩니다.

끝으로 도형 영역에서는 규칙성과 연계하여 도형을 이어 붙여 만든 도형의 성질이나 도형의 개수를 파악하는 문제가 자주 출제되는 유형입니다. 도형과 측정 단원에서는 규칙성과 융합된 유형의 문제보다는 도형과 측정의 본질에 관한 문제만 다루겠습니다.

Ⅱ 경시대회 대비

1 ✔ 정육각형 ✔ 다각형 ✔ 대각선 ✔ 둘레 구하기 ✔ 문제해결 역량 ✔ 융통성

난이도 ★☆☆☆☆

다음 도형은 크기가 같은 정육각형 8개를 변끼리 겹쳐지도록 이어 붙인 것입니다. 정육각형의 가장 긴 대각선의 길이가 6 cm일 때, 이 도형의 둘레의 길이는 몇 cm인지 구하시오.

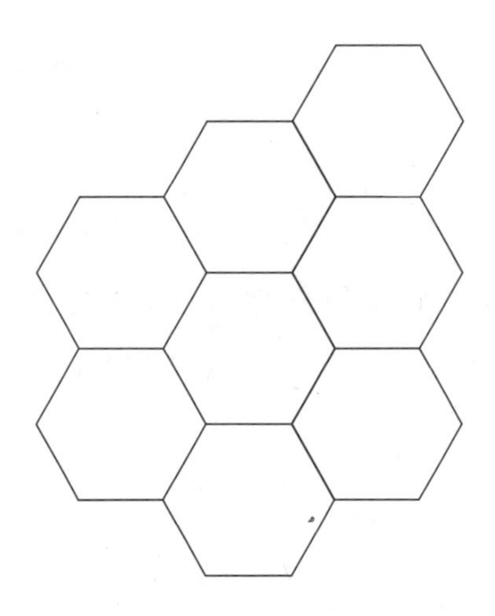

정답 ……………………………

▶ 정답 및 해설 19쪽

✔ 삼각형 ✔ 사각형 ✔ 다각형 ✔ 각도 ✔ 칠교판 ✔ 도형 붙이기 ✔ 문제해결 역량 ✔ 정보처리 역량 ✔ 유창성 ✔ 정교성

난이도 ★★☆☆☆

그림 가 는 직각이등변삼각형 모양 조각 5개, 정사각형 모양 조각 1개, 평행사변형 모양 조각 1개로 이루어진 정사각형입니다. 이 모양 조각들을 변끼리 맞대어 이어 붙여 그림 나 와 같이 각도를 만들 때, 모양 조각 2개를 맞대어 이어 붙여 만들 수 있는 서로 다른 각도는 모두 몇 개인지 구하시오.

그림 가 그림 나

정답 ....

3

✔ 삼각형 ✔ 사다리꼴 ✔ 평행 ✔ 평면도형의 이동 ✔ 빠짐없이 세기 ✔ 서로 다른 도형
✔ 정보처리 역량 ✔ 추론 역량 ✔ 유창성 ✔ 정교성

난이도 ★★★☆☆

다음은 크기가 같은 정삼각형 16개를 변끼리 겹쳐지도록 이어 붙인 도형입니다. 이 도형에 정삼각형의 변들을 따라 크고 작은 사각형을 그릴 때, 한 쌍의 변만 평행인 서로 다른 사각형은 모두 몇 개인지 구하시오.

(단, 도형을 돌리거나 뒤집어서 완전히 겹쳐지면 같은 모양으로 봅니다.)

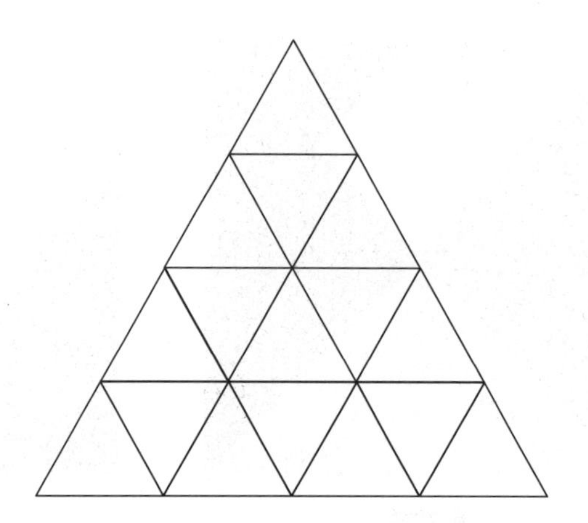

정답 ....

정답 및 해설 19쪽

✔ 정사각형 ✔ 각도 ✔ 지오보드 ✔ 도형 그리기 ✔ 빠짐없이 세기 ✔ 서로 다른 도형
✔ 문제해결 역량 ✔ 정보처리 역량 ✔ 융통성 ✔ 정교성

난이도 ★★★☆☆

다음과 같이 12개의 점이 일정한 간격으로 놓인 점판이 있습니다. 이 중 4개의 점을 꼭짓점으로 하는 크고 작은 정사각형은 모두 몇 개인지 구하시오.

(단, 모양과 크기가 같더라도 서로 다른 점을 이은 경우 다른 도형으로 생각합니다.)

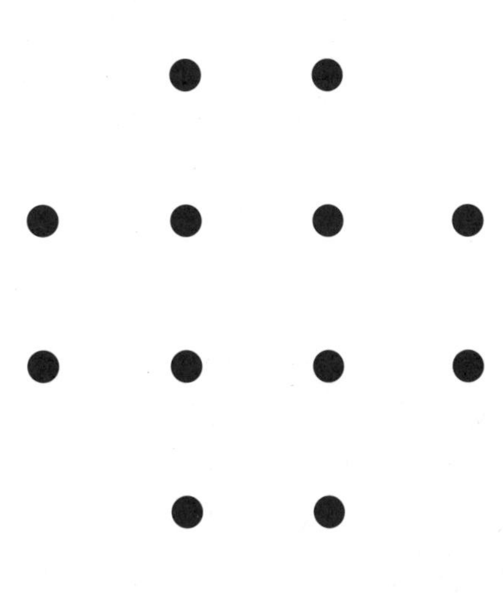

정답 ....

5

✔ 직각삼각형 ✔ 크고 작은 도형 ✔ 색종이 접고 자르기 ✔ 의사소통 역량 ✔ 정보처리 역량
✔ 융통성 ✔ 정교성

난이도 ★★★★☆

정사각형 모양의 색종이를 다음 그림과 같이 1단계부터 4단계까지 차례대로 접은 후 펼쳤습니다. 이때, 색종이의 변이나 접힌 선에서 찾을 수 있는 크고 작은 직각삼각형은 모두 몇 개인지 구하시오. (단, 모양과 크기가 같더라도 서로 다른 선을 이은 경우 다른 도형으로 생각합니다.)

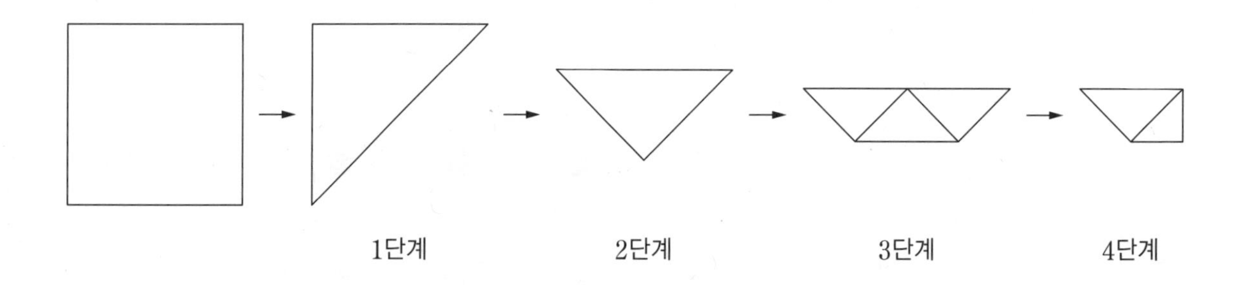

정답 ....

▶ 정답 및 해설 21쪽

✔ 정사각형 ✔ 직사각형 ✔ 색종이 접고 자르기 ✔ 빠짐없이 세기 ✔ 의사소통 역량 ✔ 정보처리 역량 ✔ 추론 역량 ✔ 독창성 ✔ 유창성 ✔ 정교성

난이도 ★★★☆☆

한 변의 길이가 4 cm인 정사각형 모양의 색종이를 다음과 같이 세로로 한 번, 가로로 한 번 완전히 포개어지도록 접은 뒤, 가운데 부분을 자른 후 펼쳤습니다. 이때 생기는 도형을 예시 와 같이 변의 길이와 개수로 모두 나타내시오.

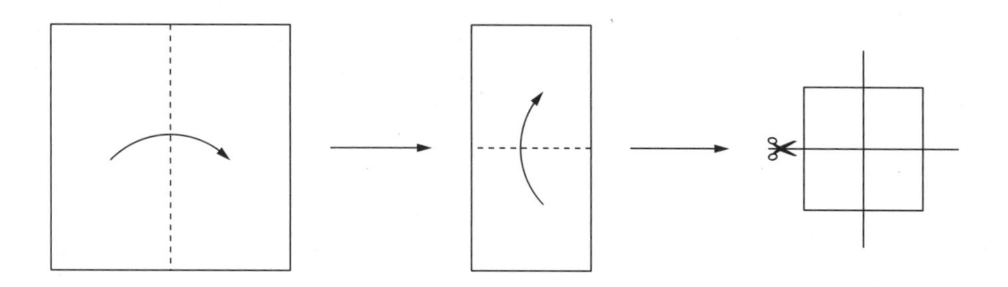

예시

- 한 변의 길이가 ★ cm인 정사각형 ◎개
- 한 변의 길이가 ★ cm이고, 다른 한 변의 길이가 ☆ cm인 직사각형 ●개

정답

7

✔ 다각형의 한 각 ✔ 이등변삼각형 ✔ 도형 이어 붙이기 ✔ 문제해결 역량 ✔ 추론 역량 ✔ 독창성 ✔ 유창성

난이도 ★★★☆☆

어떤 정다각형의 둘레에 모양과 크기가 같은 이등변삼각형을 이어 붙였습니다. 각 ㉠의 크기가 각 ㉡의 크기보다 18° 클 때, 이 정다각형은 몇 각형인지 구하시오.

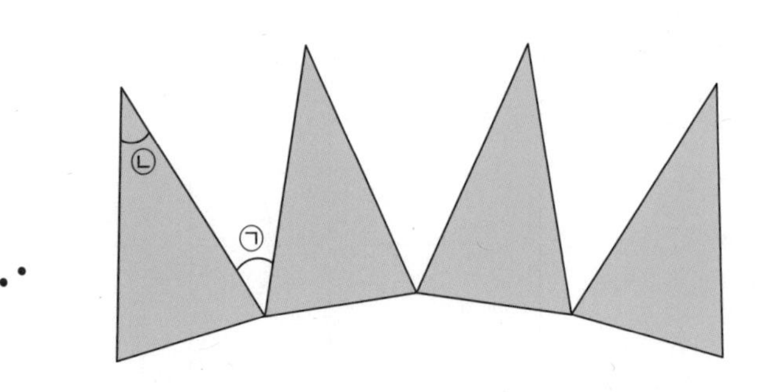

정답 ....

▶ 정답 및 해설 22쪽

✔ 사각형 ✔ 선분의 길이 ✔ 작도 ✔ 둘레 구하기 ✔ SW 융합 ✔ 문제해결 역량
✔ 정보처리 역량 ✔ 독창성 ✔ 융통성

난이도 ★★★★☆

검은색 선만 따라가는 로봇을 위해 검정색 테이프로 길을 만들었습니다. 모든 길은 직각으로 꺾여 있고, 길을 이루는 선분의 길이는 **보기** 와 같습니다. 이 로봇이 A에서부터 출발하여 길을 따라 한 바퀴 돌고 다시 A로 돌아왔을 때, 로봇이 이동한 거리를 구하시오.

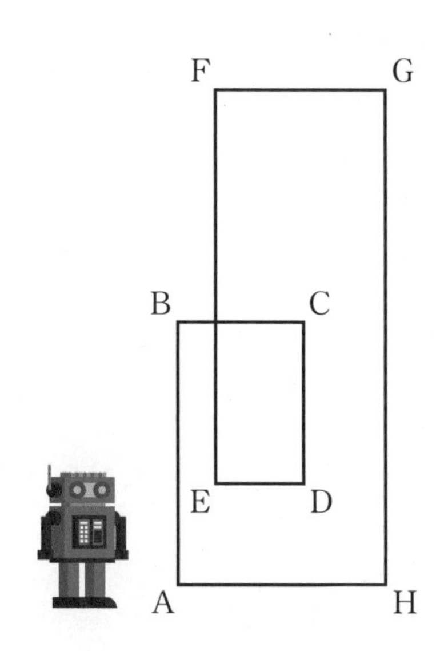

보기

선분 AB의 길이: 58 cm
선분 BC의 길이: 23 cm
선분 EF의 길이: 85 cm
선분 FG의 길이: 32 cm

정답 ....

Ⅱ 영재교육원 대비

1 ✓ 이등변삼각형의 조건 ✓ 작도 ✓ 도형 그리기 ✓ 정보처리 역량 ✓ 유창성 ✓ 정교성

난이도 ★★★☆☆

다음과 같은 길이의 막대 여러 개를 사용하여 다양한 이등변삼각형을 만들려고 합니다. 이때, 막대는 겹치지 않게 이어 붙일 수 있습니다. 물음에 답하시오.

- 3 cm 막대 2개
- 4 cm 막대 3개
- 5 cm 막대 2개
- 7 cm 막대 1개

(1) 막대 3개를 이용하여 만들 수 있는 서로 다른 이등변삼각형은 모두 몇 가지인지 구하시오.

정답 ....

정답 및 해설 24쪽

(2) 막대 4개를 이용하여 만들 수 있는 서로 다른 이등변삼각형은 모두 몇 가지인지 구하시오.

정답 ....

(3) 막대 5개를 이용하여 만들 수 있는 서로 다른 이등변삼각형은 모두 몇 가지인지 구하시오. (단, 길이가 같아도 이어 붙인 막대가 다르면 다른 이등변삼각형으로 생각합니다.)

정답 ....

2

✔ 삼각형 ✔ 육각형 ✔ 다각형 ✔ 평면도형의 이동 ✔ 빠짐없이 세기 ✔ 서로 다른 도형
✔ 문제해결 역량 ✔ 정보처리 역량 ✔ 유창성 ✔ 융통성

난이도 ★★★☆☆

다음 그림 가 는 크기가 같은 정삼각형 16개를 변끼리 겹쳐지도록 이어 붙인 도형이고, 그림 나 는 그림 가 를 2개 이어 붙인 도형입니다. 물음에 답하시오.

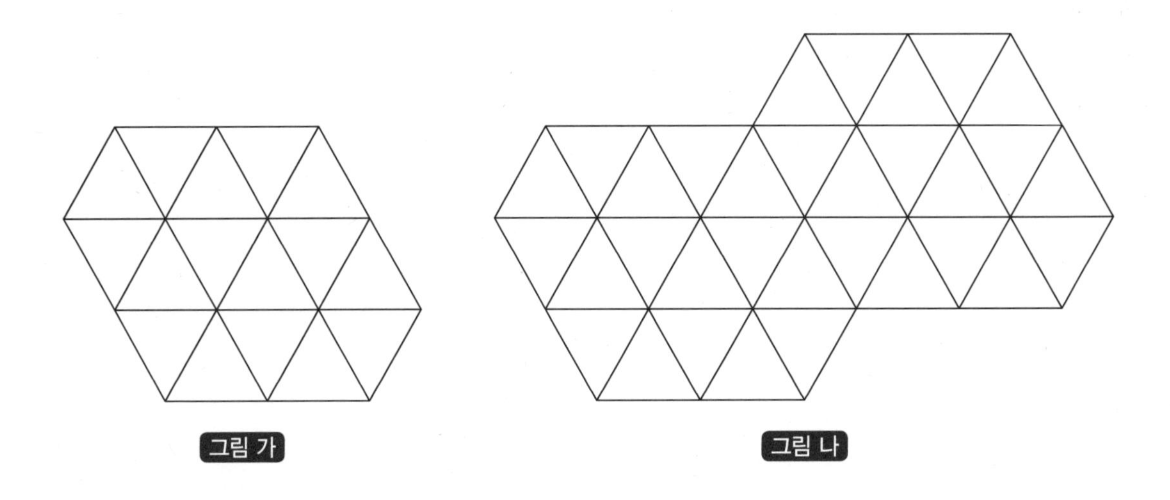

그림 가 그림 나

(1) 그림 가 에서 찾을 수 있는 서로 다른 육각형의 모양은 모두 몇 가지인지 구하시오. (단, 위치가 다르더라도 뒤집거나 돌렸을 때 모양이 동일하면 같은 모양으로 생각합니다.)

정답

(2) 그림 나 에서 찾을 수 있는 서로 다른 육각형의 모양은 모두 몇 가지인지 구하시오. (단, 위치가 다르더라도 뒤집거나 돌렸을 때 모양이 동일하면 같은 모양으로 생각합니다.)

정답 ....

3

✔ 직각삼각형 ✔ 정사각형 ✔ 변의 길이 ✔ 칠교판 ✔ 도형 만들기 ✔ 도형 그리기
✔ 문제해결 역량 ✔ 정보처리 역량 ✔ 독창성 ✔ 유창성 ✔ 융통성

난이도 ★★★★☆

다음 그림 1과 같이 모눈종이 위에 직각이등변삼각형 모양 조각 5개, 정사각형 모양 조각 1개, 평행사변형 모양 조각 1개로 이루어진 정사각형 퍼즐을 그려서 만들었습니다. 물음에 답하시오.

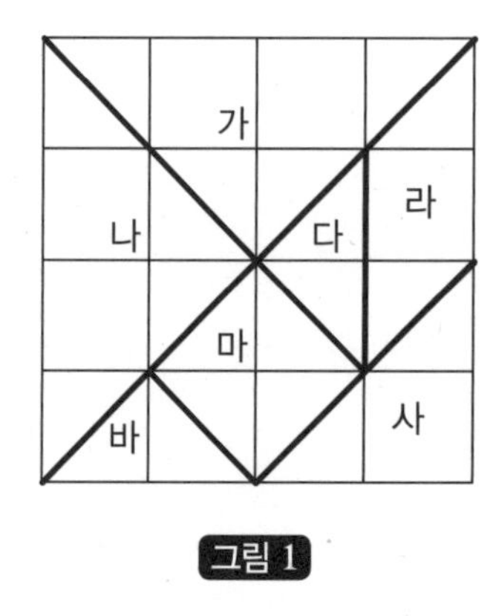

그림 1

(1) 모양 조각 2개를 이용하여 사다리꼴을 만들 때, 가능한 방법 6가지를 찾아 그림 2와 같이 그림과 기호로 나타내시오. (단, 그림 2의 경우는 제외하고 나타내며, 만들어진 모양이 같더라도 사용한 모양 조각이 다르면 다른 것으로 생각합니다. 또한, 같은 모양 조각을 사용했을 때 뒤집거나 돌렸을 때 같은 모양이면 한 가지 경우로 생각합니다.)

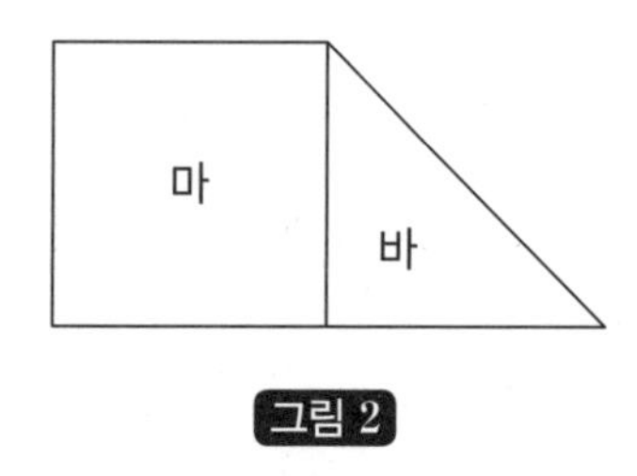

그림 2

정답

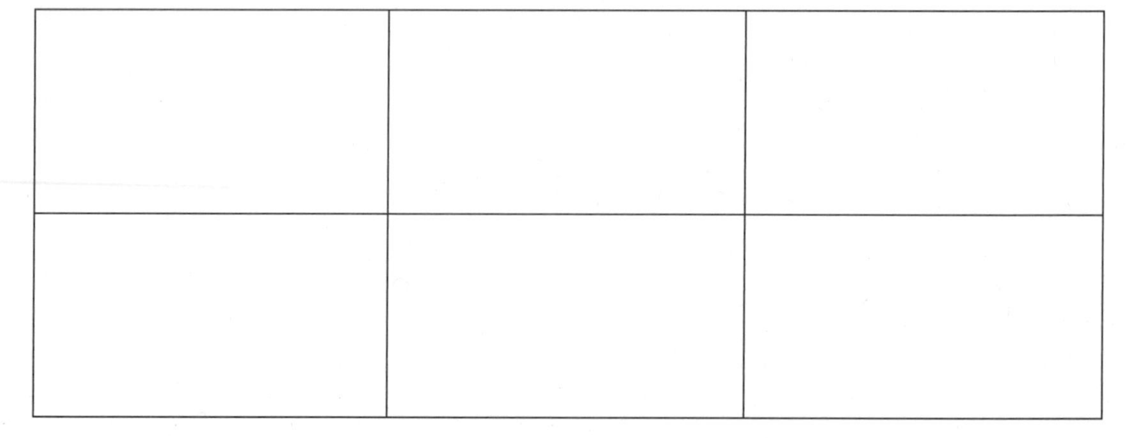

▶ 정답 및 해설 27쪽

(2) 직각이등변삼각형 가의 변 ㄱㄴ에 이 퍼즐의 나머지 모양 조각 중 일부를 이어 붙여 그림 3과 같이 마주보는 한 쌍의 변이 평행한 사각형을 만들려고 합니다. 이때, 가능한 방법 5가지를 찾아 그림과 기호로 나타내시오. (단, 그림 3의 경우는 제외하고 나타내며, 만들어진 모양이 같더라도 사용한 모양 조각이 다르면 다른 것으로 생각합니다.)

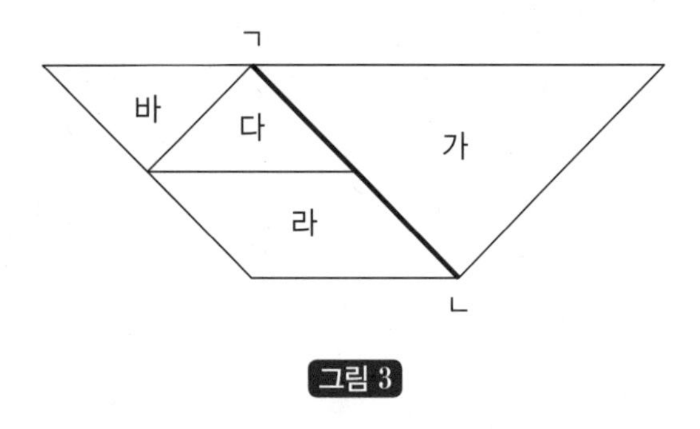

그림 3

정답

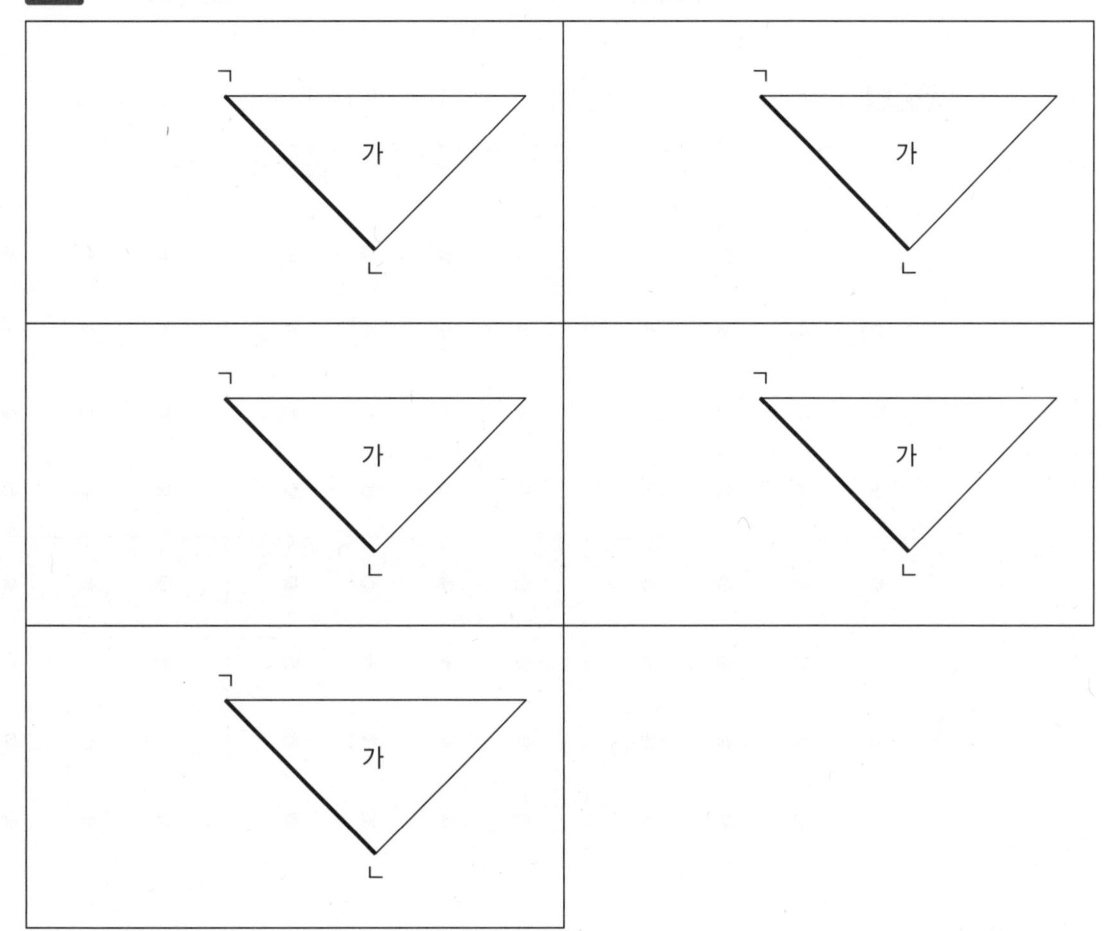

✔ 삼각형 ✔ 사각형 ✔ 평면도형의 이동 ✔ 지오보드 ✔ 빠짐없이 세기 ✔ 서로 다른 도형
✔ 문제해결 역량 ✔ 의사소통 역량 ✔ 정보처리 역량 ✔ 유창성 ✔ 융통성 ✔ 정교성

난이도 ★★★★☆

그림 1과 같이 16개의 점이 일정한 간격으로 놓인 점판이 있습니다. 그림 2와 같이 점들을 연결하여 내부에 점이 없도록 하는 삼각형과 사각형을 그리려고 합니다. 물음에 답하시오.
(단, 그린 도형을 돌리거나 뒤집어서 완전히 겹쳐지면 같은 모양으로 생각합니다.)

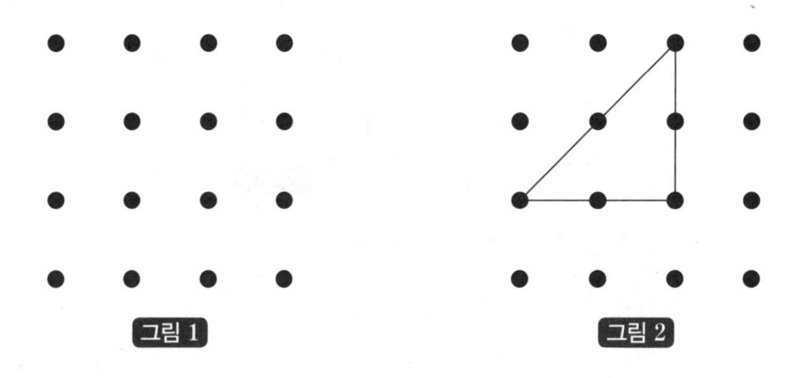

(1) 그림 2와 같은 방법으로 그릴 때, 서로 다른 직각삼각형을 모두 그리고, 그 개수를 구하시오.

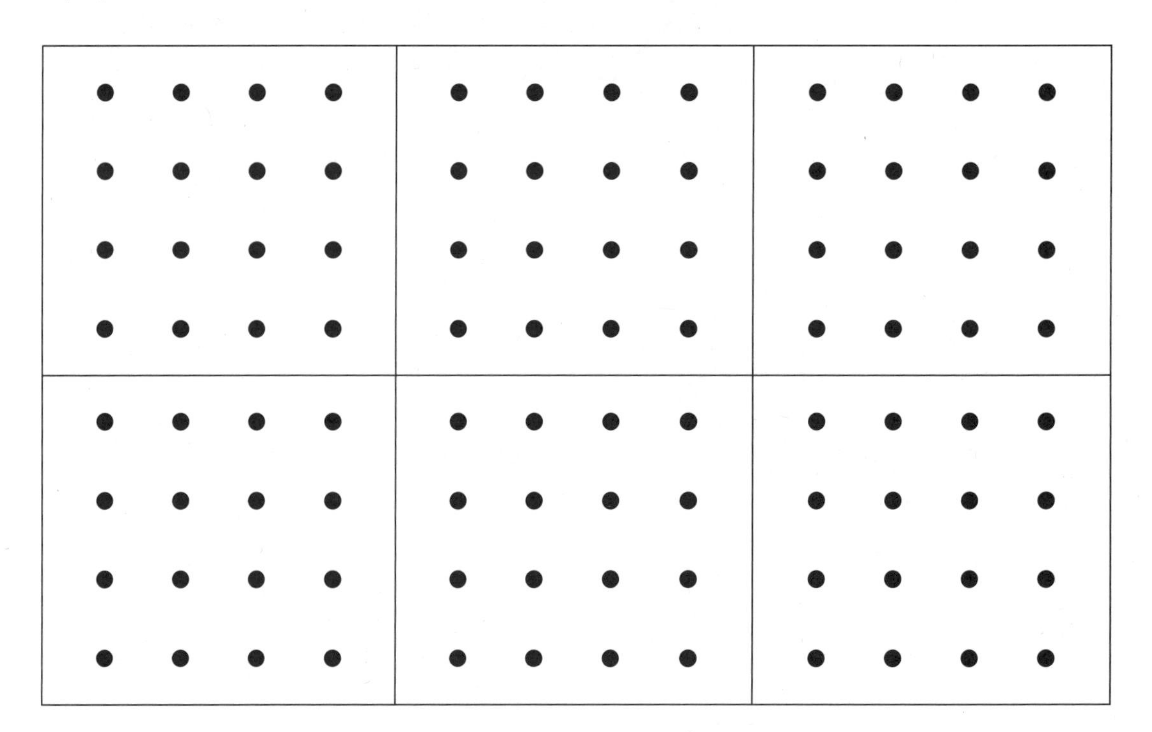

정답 ....

▶ 정답 및 해설 28쪽

(2) 그림 2와 같은 방법으로 그릴 때, 마주보는 한 쌍의 변만 평행한 사각형을 모두 그리고, 그 개수를 구하시오.

정답 ....

5

✔ 삼각형 ✔ 사각형 ✔ 각도 ✔ 평면도형의 이동 ✔ 도형 그리기 ✔ SW 융합
✔ 의사소통역량 ✔ 정보처리 역량 ✔ 추론 역량 ✔ 유창성 ✔ 정교성

난이도 ★★★★☆

선을 그으며 이동하는 로봇을 이용하여 그림을 그리려고 합니다. 9개의 점이 일정한 간격으로 놓인 점판이 있을 때, 로봇이 점 ㄱ의 위치에서 화살표 방향으로 시작하여 다음 **규칙** 에 따라 그림을 그립니다. 물음에 답하시오.

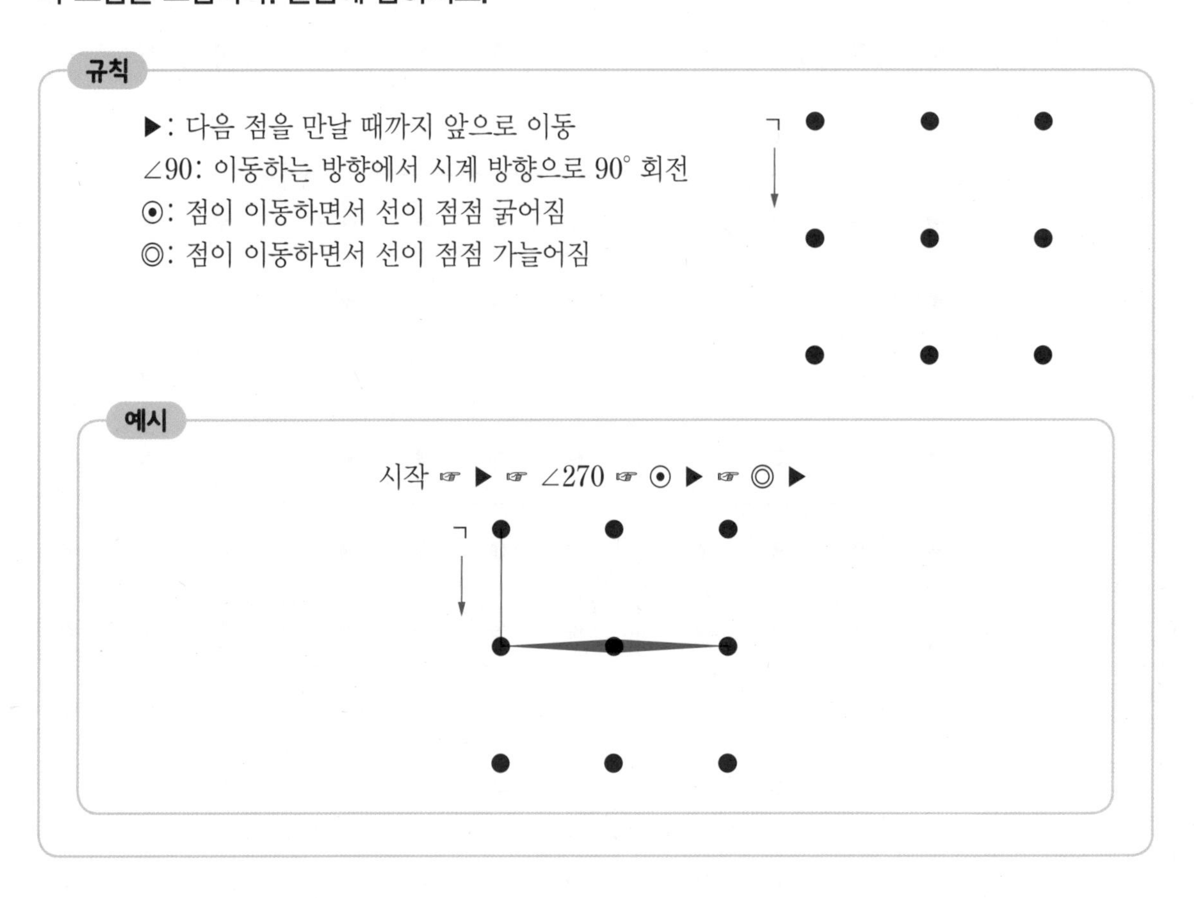

(1) 다음과 같이 **명령** 을 주었을 때, 이 로봇이 그린 그림을 그리시오.

> 시작 ☞ ▶ ☞ ∠270 ☞ ⊙ ▶ ☞ ∠135 ☞ ◎ ▶ ☞ ∠225 ☞ ▶ ☞ ⊙ ▶ ☞ ∠240 ☞ ◎ ▶

정답

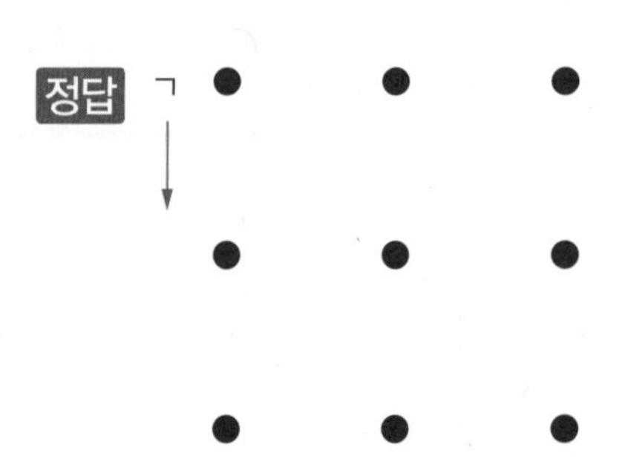

(2) 이 로봇이 다음과 같은 그림을 그렸을 때, 알맞은 명령을 빈칸에 써넣으시오.

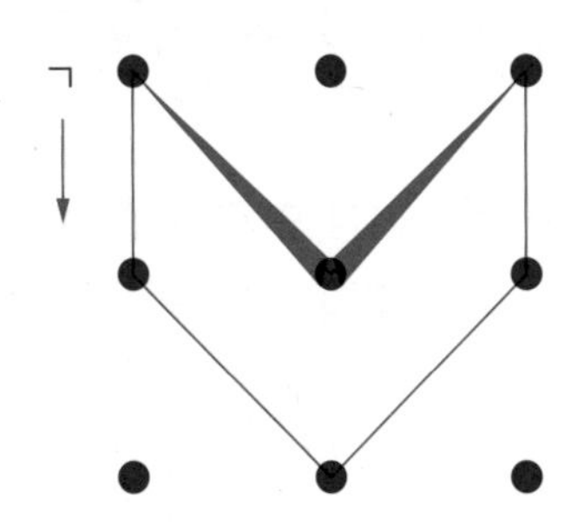

정답

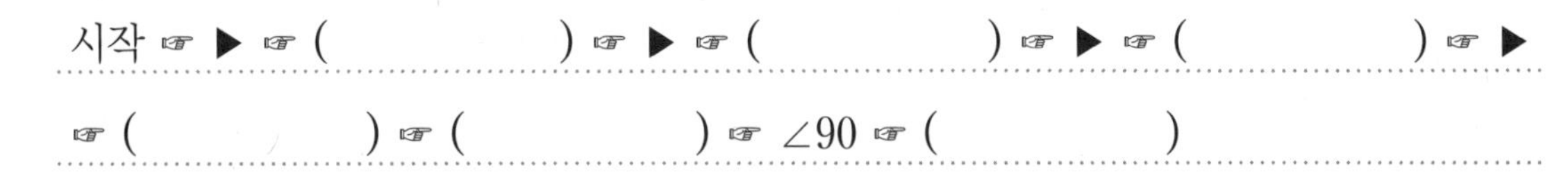
시작 ☞ ▶ ☞ ( ) ☞ ▶ ☞ ( ) ☞ ▶ ☞ ( ) ☞ ▶

☞ ( ) ☞ ( ) ☞ ∠90 ☞ ( )

6

✔ 직각삼각형 ✔ 사각형 ✔ 변의 길이 ✔ 평면도형의 이동 ✔ 모양 조각 ✔ 도형 만들기
✔ 도형 그리기 ✔ 문제해결 역량 ✔ 정보처리 역량 ✔ 독창성 ✔ 유창성 ✔ 융통성

난이도 ★★★★☆

다음 모양 조각 가~라를 2개 이상 변끼리 겹쳐지도록 이어 붙여 크기와 모양이 서로 다른 사각형을 만들려고 합니다. 모양 조각은 한 번씩만 사용할 수 있으며 만들어지는 사각형의 한 각의 크기가 180°보다 작습니다. 물음에 답하시오.

(단, 도형을 돌리거나 뒤집어서 완전히 겹쳐지면 같은 모양으로 봅니다.)

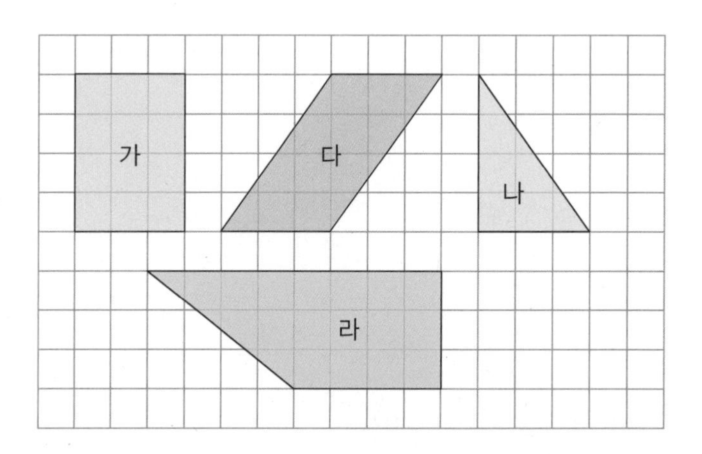

(1) 모양 조각 가~라를 모두 사용하여 만들 수 있는 사각형을 3개 그리고, 도형 위에 모양 조각의 이름을 써보시오.

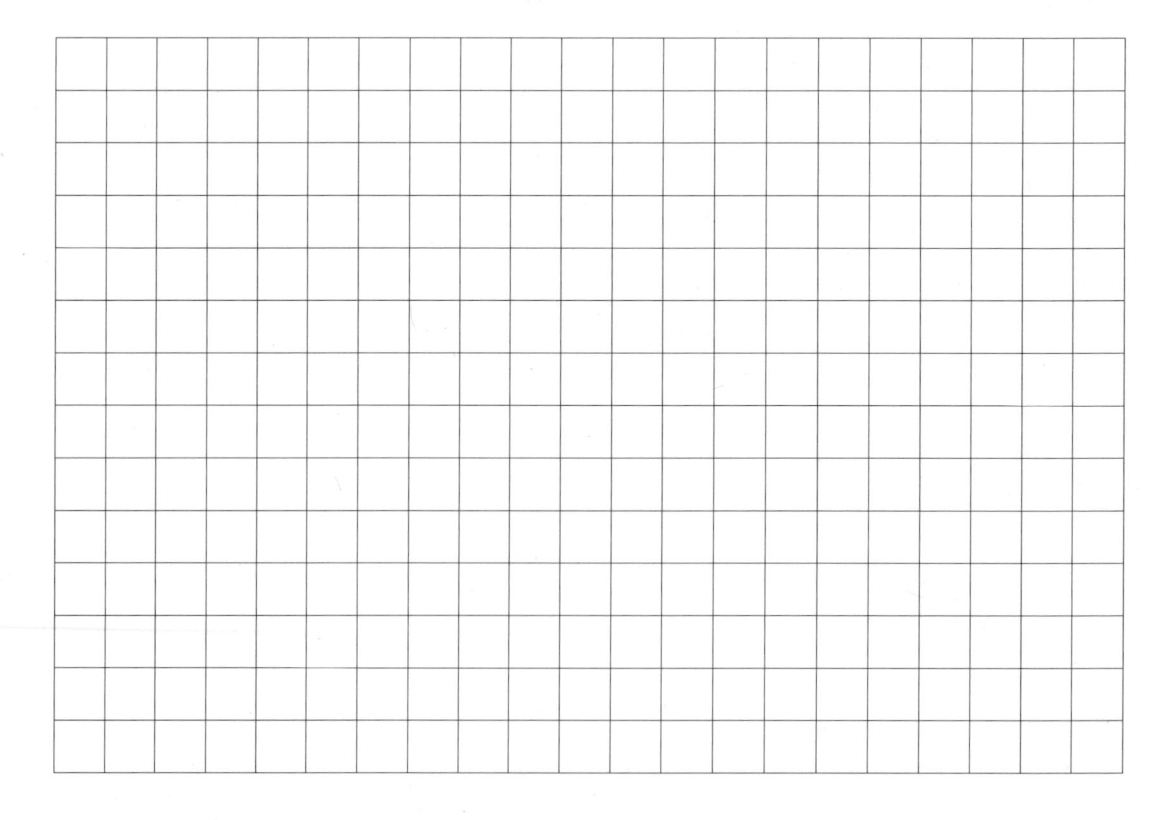

▶ 정답 및 해설 30쪽

(2) 모양 조각 가~라 중 3개를 사용하여 만들 수 있는 사각형을 4개 그리고, 도형 위에 모양 조각의 이름을 써보시오.

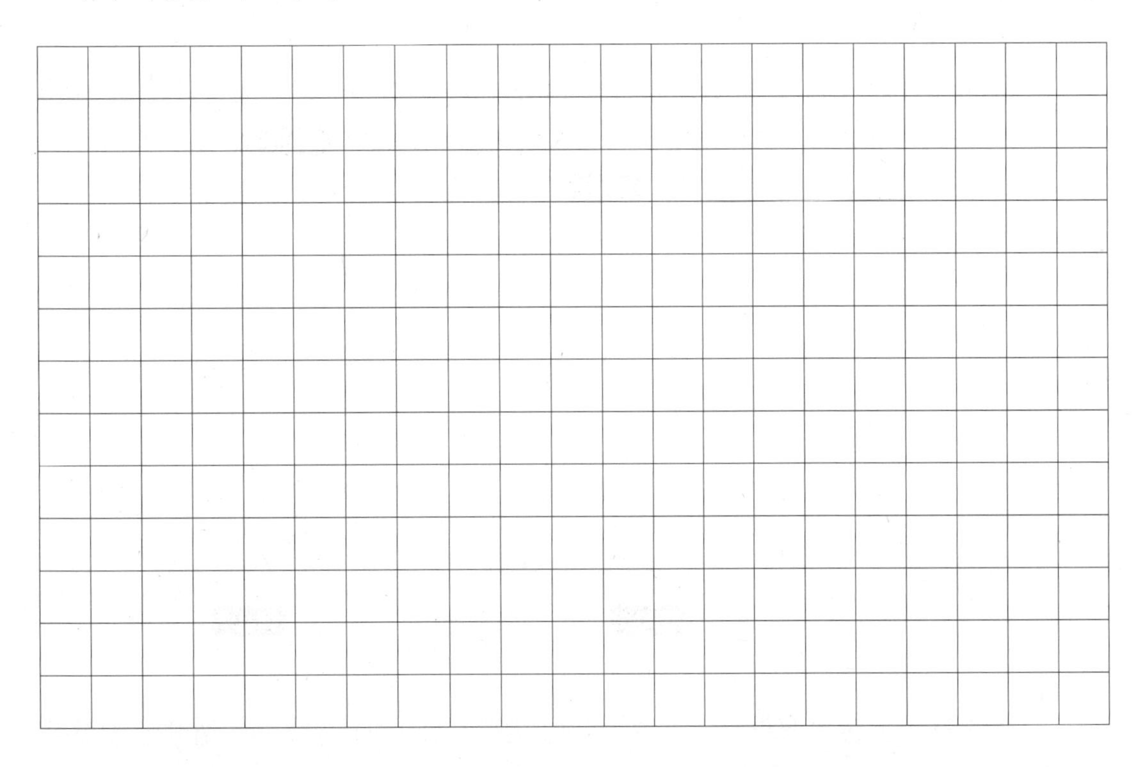

(3) 모양 조각 가~라 중 2개를 사용하여 만들 수 있는 사각형을 5개 그리고, 도형 위에 모양 조각의 이름을 써보시오.

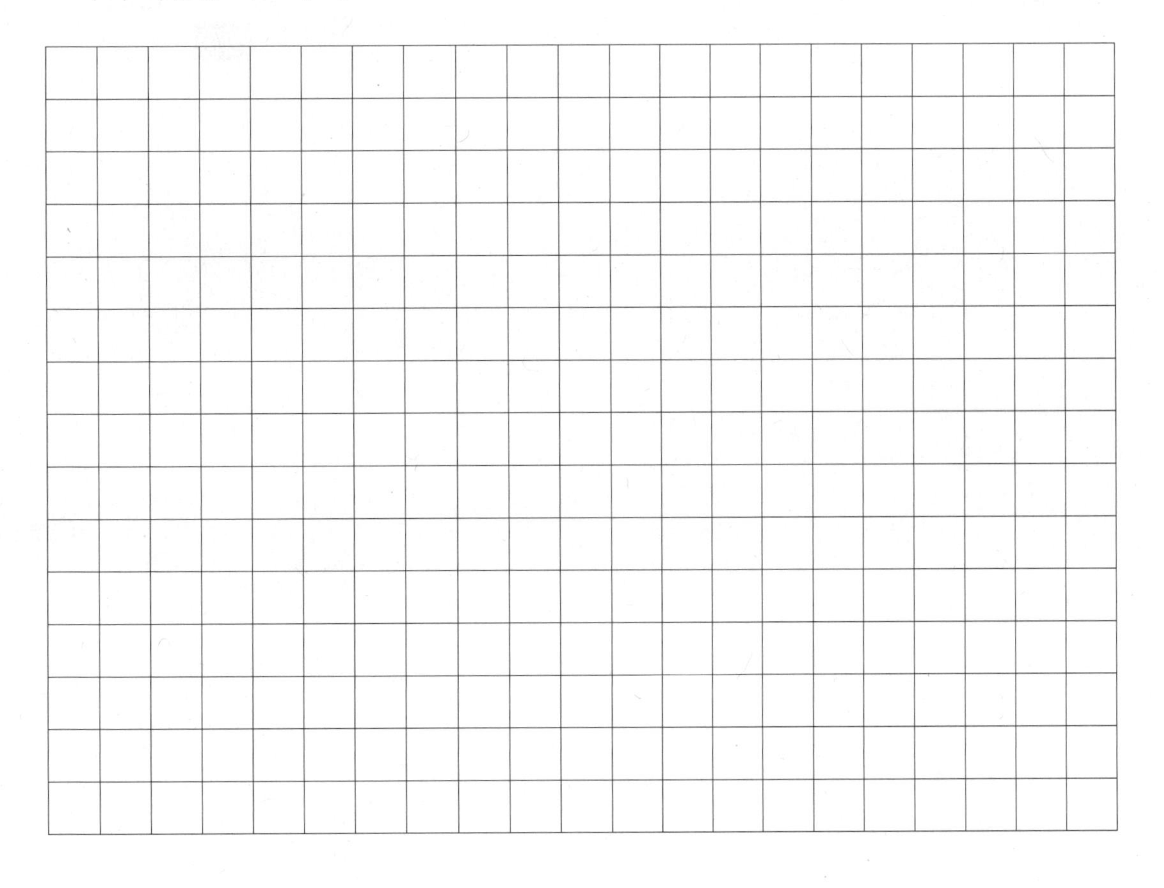

7

✔ 삼각형 ✔ 다각형 ✔ 테셀레이션 ✔ 도형 붙이기 ✔ 문제해결 역량 ✔ 의사소통 역량
✔ 유창성 ✔ 정교성

난이도 ★★★★☆

같은 크기의 정삼각형 모양 조각이 140개 있습니다. 이 모양 조각들을 이용하여 정다각형을 만들려고 합니다. 예를 들어, 모양 조각 4개를 이용하면 예시 1과 같은 정삼각형을 만들 수 있고, 모양 조각 6개를 이용하면 예시 2와 같은 정육각형을 만들 수 있습니다. 물음에 답하시오.

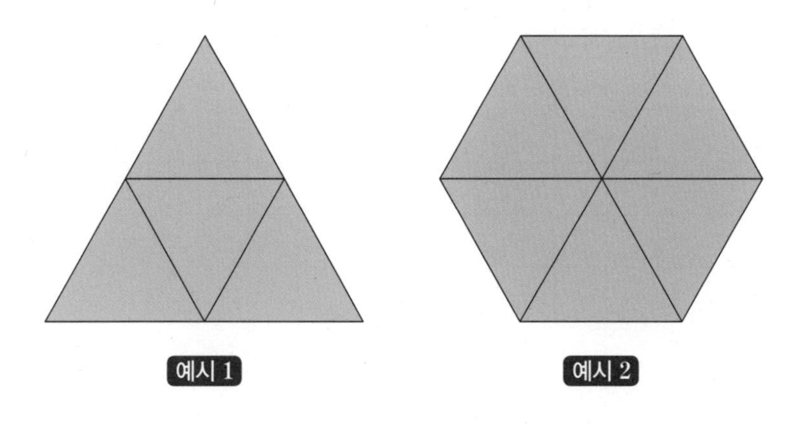

예시 1 예시 2

(1) 가능한 많은 모양 조각을 이용하여 정삼각형 1개를 만들 때, 필요한 정삼각형 모양 조각은 몇 개인지 구하시오.

▶ 정답 및 해설 32쪽

(2) 가능한 많은 모양 조각을 이용하여 정육각형 1개를 만들 때, 필요한 정삼각형 모양 조각은 몇 개인지 구하시오.

정답 ....

(3) 가능한 많은 모양 조각을 이용하여 정삼각형과 정육각형을 1개씩 만들려고 합니다. 정삼각형을 만드는 데 필요한 모양 조각과 정육각형을 만드는 데 필요한 모양 조각의 개수를 각각 구하시오.

정답 정삼각형을 만드는 데 필요한 모양 조각: ....

정육각형을 만드는 데 필요한 모양 조각: ....

✔ 다각형 ✔ 각도 ✔ 평면도형의 이동 ✔ 도형 붙이기 ✔ 회전각도 구하기 ✔ 문제해결 역량 ✔ 의사소통 역량 ✔ 추론 역량 ✔ 융통성 ✔ 정교성

난이도 ★★★★★

한 변의 길이가 1인 정오각형을 기준선 위에 놓고, 변끼리 겹쳐지도록 정사각형, 정육각형을 붙이려고 합니다. 물음에 답하시오.

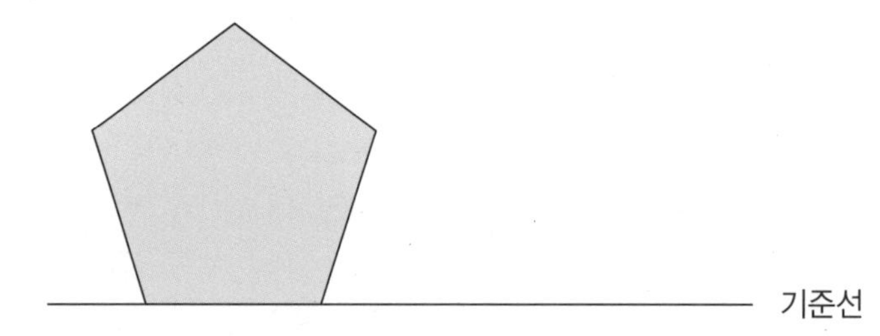

(1) 다음 그림과 같이 변끼리 겹쳐지도록 정오각형의 한 변 위에 정사각형을 이어 붙이려고 합니다. 이때, 정사각형은 기준선을 기준으로 시계 반대 방향으로 몇 도(°) 회전해 붙여야 하는지 구하시오.

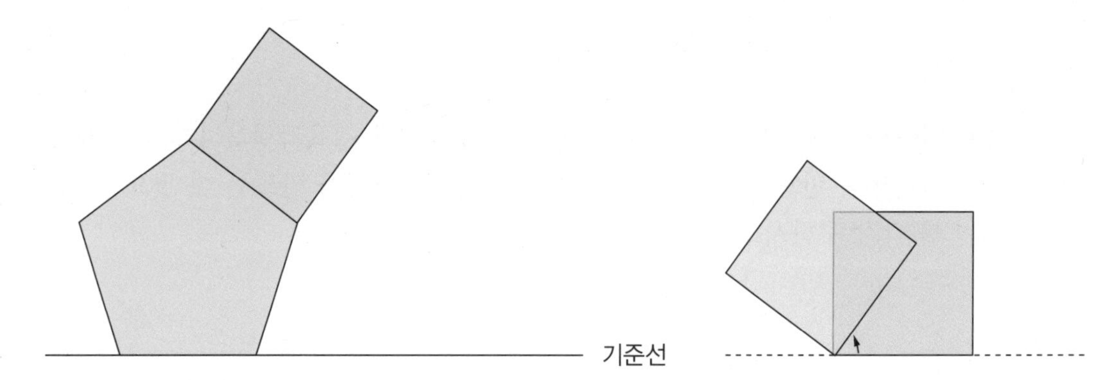

정답 ....

▶ 정답 및 해설 33쪽

(2) 다음 그림과 같이 변끼리 겹쳐지도록 정오각형, 정사각형, 정육각형을 차례로 이어 붙이려고 합니다. 이때, 정육각형은 기준선을 기준으로 시계 반대 방향으로 몇 도(°) 회전해 붙여야 하는지 구하시오.

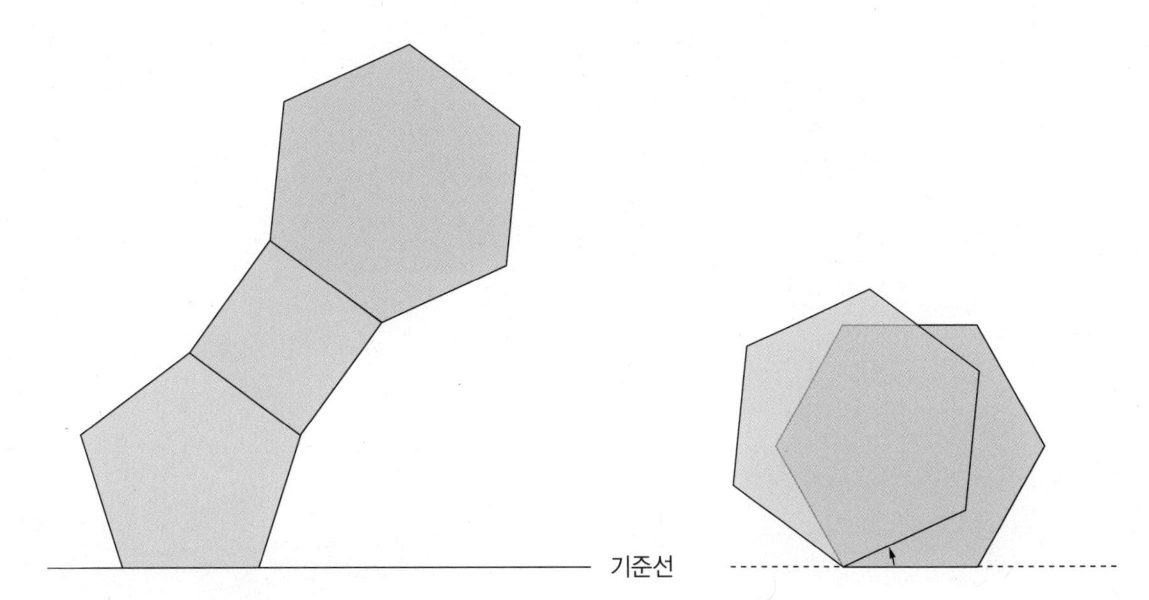

정답 ....

III

규칙성

연계 교육과정 확인하기

초등 2학년

2-2 규칙찾기

초등 4학년

4-1 규칙찾기

규칙성 영역에서 자주 출제되는 유형

- 삼각수
- 고장난 시계
- 표 규칙 찾기
- 최단거리 찾기
- 목표 수 만들기
- 합과 배의 규칙 찾기
- 도형의 증가 규칙 찾기
- 직각의 개수 규칙 찾기
- 규칙에 따라 색칠하기
- 원의 성질과 규칙 찾기
- 수의 합성과 분해
- 도형의 둘레 규칙 찾기
- 시계의 성질과 규칙 찾기
- 수 배열에서 규칙 찾기
- 규칙에 따라 도형 그리기
- 도형의 배열에서 규칙 찾기
- 분수 배열 및 연산 규칙 찾기

규칙성 영역 한눈에 익히기

수학경시대회와 영재교육원 선발 시험에서 가장 핵심적인 영역은 바로 '규칙성'입니다. 규칙을 찾고, 그 규칙에 따라 주어진 문제를 해결하는 과정은 수학적 문제해결 능력, 수학적 추론 능력, 수학적 의사소통 능력, 독창성, 유창성, 융통성, 정교성 등 수학의 전반적인 역량을 모두 평가할 수 있기 때문입니다.

4학년 수학 교과과정에서 '규칙 찾기'라는 단원이 따로 있을 만큼, 주어진 문제 조건에서 규칙을 찾아 나만의 수학적 언어로 표현하고, 이를 확장하여 문제를 해결할 수 있어야 합니다.

4학년 수학에서는 많은 확장이 이루어집니다. 세 자리 수의 곱셈을 배우고, 분수와 소수의 연산도 처음 접하게 됩니다. 기하의 기본이 되는 각도를 배우고, 평면도형을 이동하며, 삼각형 · 사각형과 같은 다각형의 뜻과 성질도 꽤 자세히 배웁니다. 또한, 일상생활의 소재를 이용하여 막대그래프와 같은 자료로 표현하는 방법도 배웁니다. 이러한 이유로 4학년은 모든 영역을 규칙성 유형의 문항으로 융합하여 출제하기에 적합한 학년입니다.

따라서 모든 영역에 대한 기본적인 수학적 개념을 알고, '규칙'을 찾는 방법에 대한 학습을 해야 합니다. 가장 기본적인 규칙으로는 증가 규칙, 반복 규칙이 있습니다. 증가 규칙은 가장 일반적인 유형으로, 수 또는 도형, 특정 행위(그리기/색칠하기) 등이 단계가 지날수록 증가하는 형태의 문제입니다. 이 유형의 경우, 각 단계가 늘어날 때마다 어떤 점이 달라지는지 관찰하고, 이를 표로 나타내어 규칙을 찾으면 문제를 쉽게 해결할 수 있습니다.

반복 규칙의 경우, 하나의 고리(반복 구간)를 찾는 것이 핵심입니다. 주로 시계나 수 등과 연계되어 출제되며, 어떤 규칙이 있는지 하나씩 나열해 보고 하나의 고리가 어디서부터인지 찾게 되면 그 이후부터는 문제를 어렵지 않게 해결할 수 있습니다.

요즘 대두되는 SW 영역과의 연계 가능성도 염두에 둘 필요가 있습니다. 코딩하는 과정 자체가 일정한 규칙에 따라 컴퓨터에게 명령을 내리는 것이기 때문에 문제에서 주어진 명령을 잘 따르면 쉽게 문제를 파악할 수 있습니다.

마지막으로 규칙 찾기 유형을 해결하기 위해서는 기본적으로 '정보처리 역량'을 갖추려고 노력해야 합니다. 규칙은 긴 글과 그림으로 정보를 제시하기 때문에 가장 먼저 긴 지문을 읽고 이해하는 문해력과 문제에서 어떤 규칙에 따라 무엇을 요구하는지를 빠르게 파악하는 정보처리 역량이 필요합니다. 많은 학생들이 길고 복잡한 지문에 겁을 먹고 포기하는 경우를 많이 보았습니다. 자신 있게 문제를 읽고 이해하는 것만으로도 절반은 해결한 것이라고 볼 수 있습니다. 따라서 문제의 글과 그림을 종합적으로 이해하고 판단하여 문제에서 무엇을 의도하는지, 어떤 규칙을 요구하는지를 파악해야 합니다.

경시대회 대비

✔ 도형의 배열에서 규칙 찾기 ✔ 문제해결 역량 ✔ 정교성

난이도 ★☆☆☆☆

다음 그림과 같이 큰 정사각형 안에 작은 정사각형이 규칙에 따라 늘어납니다. 큰 정사각형을 1로 보았을 때, 11단계의 모양에서 색칠되지 않은 작은 정사각형의 부분을 분수로 나타내시오.

1단계	2단계	3단계	…
			…

정답 ....

▶ 정답 및 해설 36쪽

✔ 수 배열 규칙 찾기 ✔ 삼각수 ✔ 연속한 수의 합 ✔ 문제해결 역량 ✔ 융통성

난이도 ★★☆☆☆

일정한 규칙에 따라 삼각형 모양으로 수를 배열하려고 합니다. 20번째 줄에 있는 수들의 합을 구하시오.

			1					첫 번째 줄
		3		5				두 번째 줄
	7		9		11			세 번째 줄
13		15		17		19		네 번째 줄

정답 ....

3

✔ 규칙에 따라 색칠하기 ✔ 추론 역량 ✔ 정교성

난이도 ★★☆☆☆

다음 그림과 같이 도형은 5칸으로 나뉘어져 있고, 각각의 칸은 어떤 수를 나타내는 규칙이 있습니다.

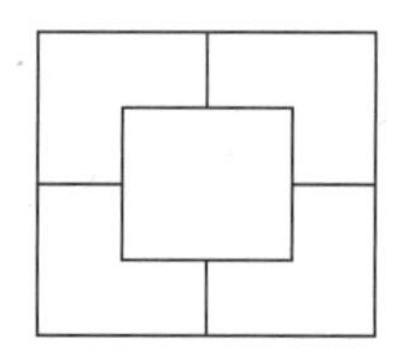

이 규칙에 따라 어떤 수를 그림에 색칠하여 나타내면 예시 와 같습니다. 규칙에 따라 26을 색칠하여 나타내시오.

예시

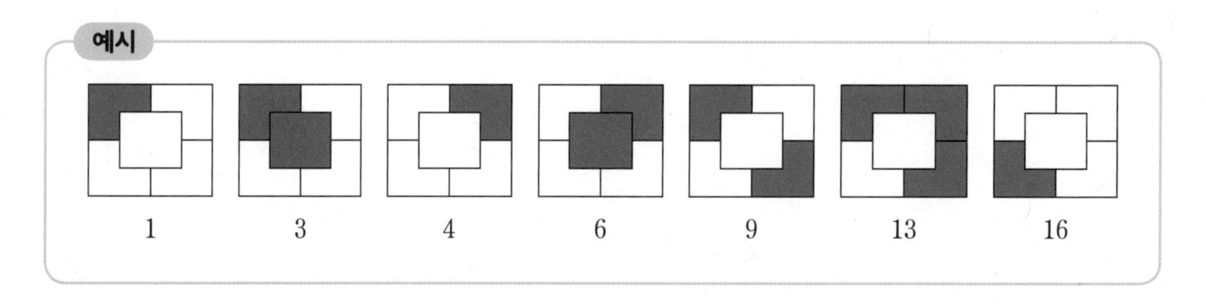

정답

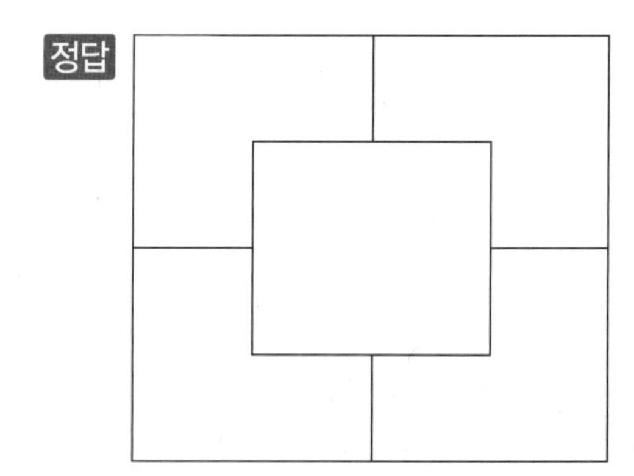

▶ 정답 및 해설 37쪽

4 ✔ 고장난 시계 ✔ 문제해결 역량 ✔ 정보 처리 역량 ✔ 추론 역량 ✔ 정교성 ✔ 창의성

난이도 ★★★☆☆

초롱이는 숫자로 시각을 나타내는 고장 난 디지털 시계가 있습니다. 초롱이가 책을 읽기 시작했을 때 시계가 나타낸 시각은 15시 14분 01초였습니다. 이 시계는 10분 간격으로 다음과 같은 일정한 규칙에 따라 시각을 나타낸다는 것을 발견했습니다. 초롱이가 한 시간 동안 책을 읽었다면 책을 다 읽고 난 후에 고장 난 디지털 시계가 나타내는 시각을 구하시오. (단, 이 디지털 시계는 00:00:00부터 23:59:59까지 24시간 시, 분, 초의 표시가 가능합니다.)

책을 읽기 시작했을 때 시계가 나타낸 시각	15:14:01
10분 후 시계가 나타낸 시각	12:18:00
20분 후 시계가 나타낸 시각	08:26:58
30분 후 시계가 나타낸 시각	03:42:55

정답 (　　　):(　　　):(　　　)

5

✔ 수 배열 규칙 찾기 ✔ 표 규칙 찾기 ✔ 합과 배의 규칙 ✔ 문제해결 역량 ✔ 추론 역량
✔ 유창성 ✔ 융통성

난이도 ★★★☆☆

다음과 같이 표에 일정한 규칙으로 수가 적혀 있습니다. 5행 10열에 적혀 있는 수를 구하시오.

행 \ 열	1	2	3	4	5	6	…
1	1	14	28	68	136	284	…
2	2	13	29	67	137	283	…
3	3	12	30	66	138	282	…
4	4	11	31	65	139	281	…
5	5	10	32	64	140	280	…

정답 ....

▶ 정답 및 해설 38쪽

✔ 정사각형 ✔ 직각 ✔ 직각의 개수 구하기 ✔ 문제해결 역량 ✔ 추론 역량 ✔ 융통성 ✔ 정교성

난이도 ★★★★☆

정사각형 모양의 종이를 다음과 같이 규칙 에 따라 접었다 펼쳤을 때, 1단계에서 찾을 수 있는 직각은 8개, 2단계에서 찾을 수 있는 직각은 16개입니다. 6단계에서 찾을 수 있는 직각은 모두 몇 개인지 구하시오.

1단계	2단계	3단계
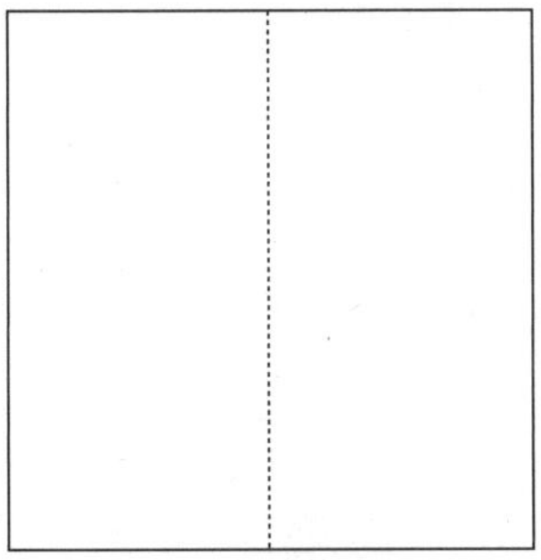	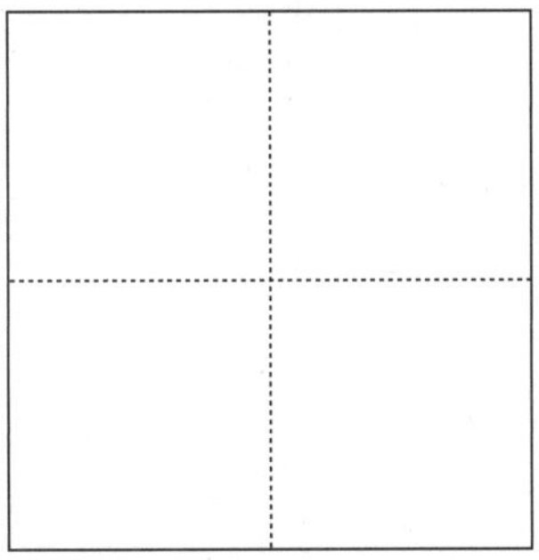	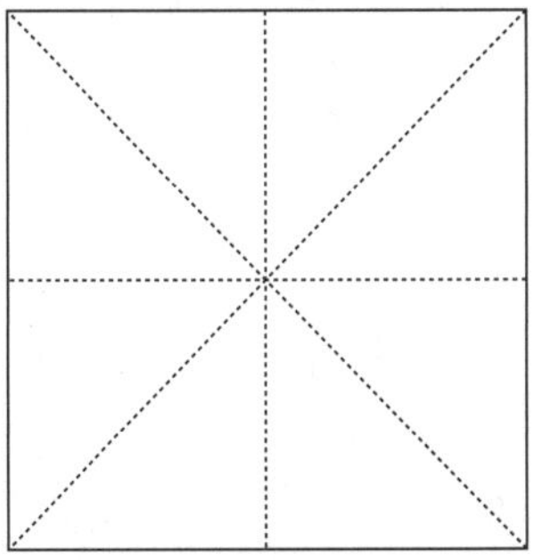
4단계	**5단계**	**6단계**
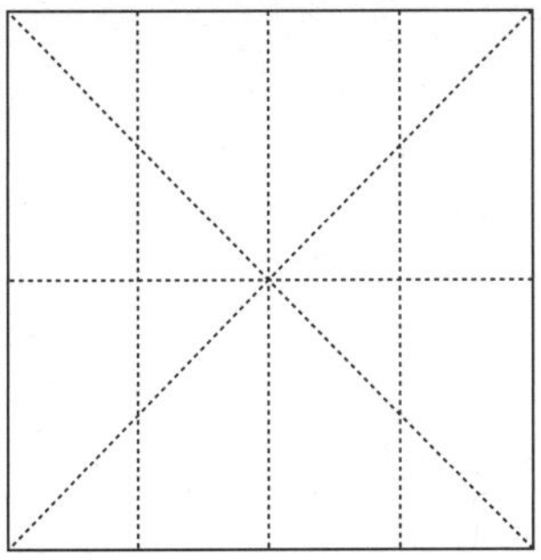	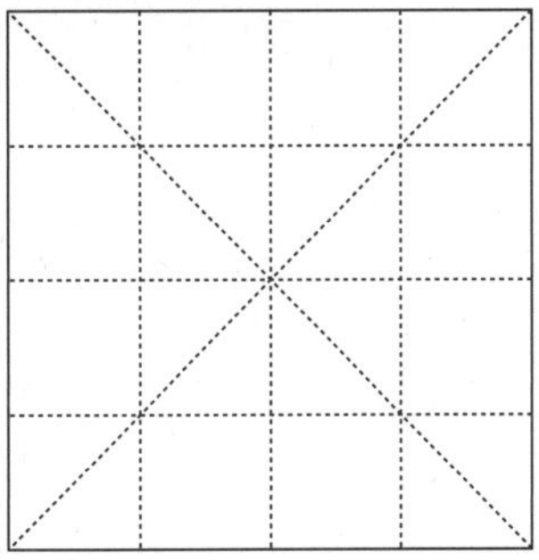	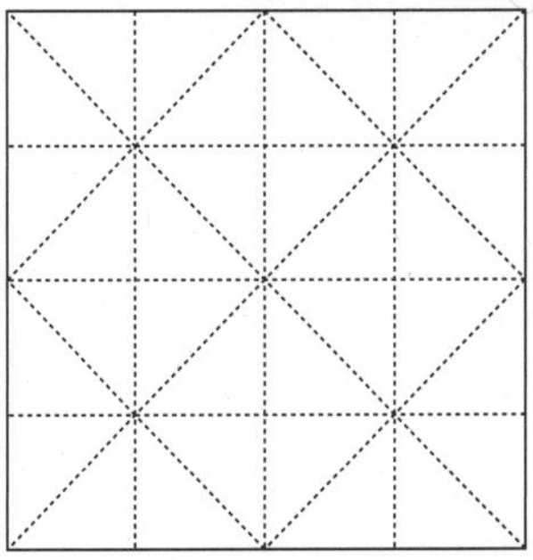

정답 ....

✔ 사각형 ✔ 마름모 ✔ 사다리꼴 ✔ 크고 작은 도형 ✔ 문제해결 역량 ✔ 연결 역량
✔ 융통성 ✔ 정교성

난이도 ★★★★★

정삼각형을 다음 그림과 같이 규칙에 따라 이어 붙이려고 합니다. 7단계에서 만들어진 모양에서 찾을 수 있는 정삼각형 3개를 이어 붙인 사다리꼴의 개수를 ㉠, 정삼각형 4개를 이어 붙인 평행사변형의 개수를 ㉡이라고 할 때, ㉠−㉡의 값을 구하시오.

(단, 모양이 같아도 위치가 다르면 서로 다른 것으로 생각합니다.)

1단계	2단계	3단계	…
			…

정답 ....

정답 및 해설 40쪽

✔ 최단거리 ✔ 문제해결 역량 ✔ 추론 역량 ✔ 정교성 ✔ 정교성

난이도 ★★★★★

도로를 청소하는 청소차가 다음과 같은 길을 청소하려고 합니다. 청소차는 움직인 거리를 가장 짧게 하여 모든 길을 지나 청소한 후, 출발 지점으로 다시 돌아오려고 합니다. 이때, 청소차가 움직인 거리는 몇 m인지 구하시오. (단, 같은 도로를 반복하여 지날 수 있으며, 청소차가 회전할 때 움직인 거리는 0 m로 생각합니다.)

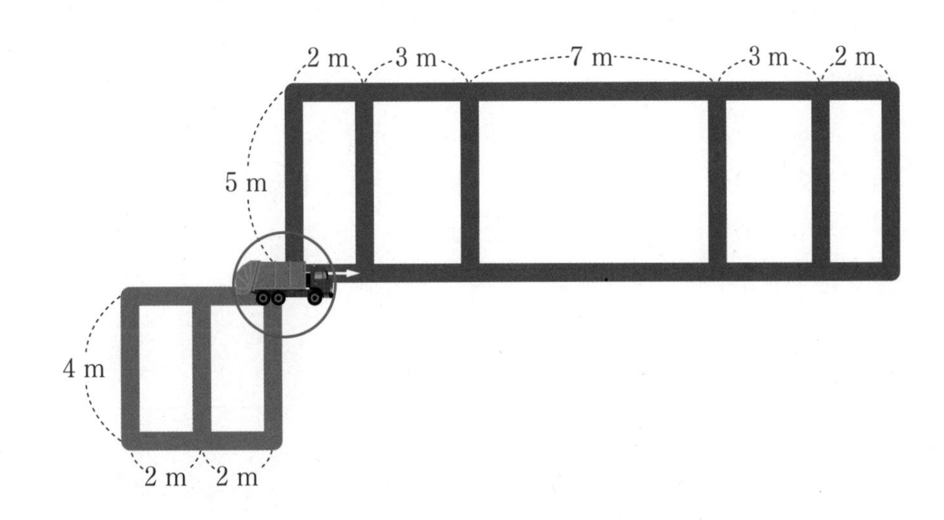

정답 ....

Ⅲ 영재교육원 대비

1 ✔ 원의 성질 ✔ 문제해결 역량 ✔ 추론 역량 ✔ 유창성 ✔ 정교성

난이도 ★★☆☆☆

반지름이 2 cm인 둥근 원통 모양 수수깡을 아래 그림과 같이 조건 에 맞춰 끈으로 묶었습니다. 물음에 답하시오.

조건

① 가로와 세로에 들어가는 수수깡의 개수는 한 줄에 한 개씩 늘어난다.
② 가로와 세로에 들어가는 수수깡의 개수는 같고 빈틈없이 이어 붙인다.
③ 수수깡의 둘레는 6 cm로 계산한다.
④ 끈으로 묶을 때 생기는 매듭에 필요한 길이는 5 cm이다.

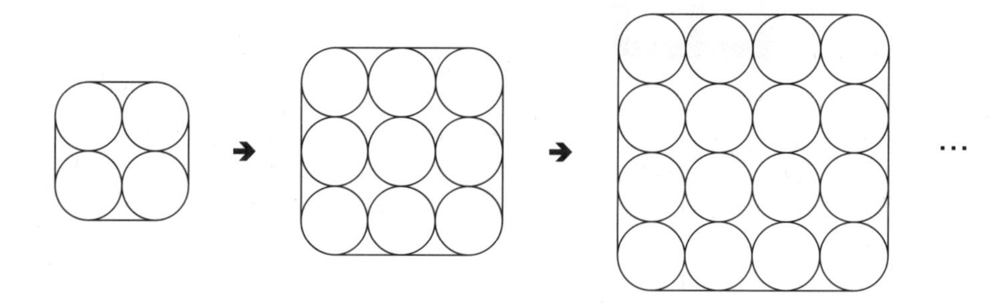

(1) 수수깡 4개를 빈틈없이 이어 붙여 끈으로 묶을 때 필요한 끈의 길이는 몇 cm인지 구하시오.

정답 ....

정답 및 해설 42쪽

(2) 수수깡 81개를 빈틈없이 이어 붙여 끈으로 묶을 때 필요한 끈의 길이는 몇 cm인지 구하시오.

정답 ....

(3) 수수깡을 묶는 데 끈을 203 cm를 사용했다면 묶을 수 있는 수수깡의 최대 개수를 구하시오.

정답 ....

2 ✔ 수의 합성과 분해 ✔ 문제해결 역량 ✔ 추론 역량 ✔ 유창성 ✔ 정교성

난이도 ★★★☆☆

무게가 홀수인 무게추만 있습니다. 1 g보다 무거운 무게추를 양팔 저울의 왼쪽에 올리고 오른쪽에 다른 무게추를 올려 양팔 저울이 수평을 이루도록 만들려고 합니다. 양팔 저울의 오른쪽에 올리는 무게추는 다음 **규칙** 에 따라 사용합니다. 물음에 답하시오.

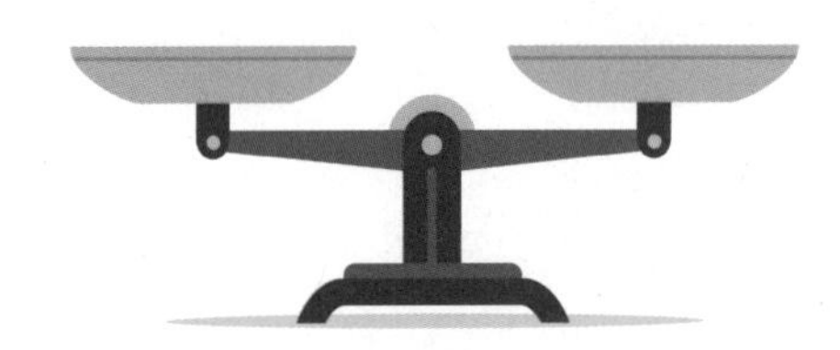

규칙

① 1 g의 무게추는 여러 개 있다.
② 1 g의 무게추로만 수평을 이루게 만들 수 있다.
③ 1 g이 아닌 무게추는 한 개씩만 사용할 수 있다.
④ 1 g의 무게추는 반드시 한 개 이상 사용해야 한다.

예시

왼쪽에 올린 무게추의 무게가 5 g일 때, 수평을 맞추기 위해 오른쪽에 무게추를 올리는 방법은 $1+1+1+1+1=5$ (g), $3+1+1=5$ (g)의 2가지이다. 이때, 사용된 1 g의 무게추는 모두 7개이다.

(1) 양팔 저울의 왼쪽에 11 g의 무게추를 올렸을 때, **규칙** 을 이용하여 양팔 저울이 수평을 이루도록 만들려고 합니다. 이때, 만드는 모든 방법에서 사용된 1 g의 무게추의 개수를 모두 구하시오.

정답 ....

▶ 정답 및 해설 43쪽

(2) **규칙** 을 이용하여 양팔 저울이 수평을 이루도록 만드는 모든 방법에서 사용된 1 g의 무게추의 총 개수가 57개였습니다. 이때, 양팔 저울의 왼쪽에 올린 무게추의 무게는 몇 g인지 구하시오.

정답 ....

(3) 1 g, 3 g, 5 g, 7 g, 9 g, 11 g짜리의 무게추가 각각 한 개씩 있습니다. 무게가 16 g인 물건의 무게를 재는 방법은 모두 몇 가지인지 구하시오.

(단, 이 양팔 저울은 위의 **규칙** 을 따르지 않습니다.)

정답 ....

3 ✔ 분수 나열 ✔ 덧셈 규칙 ✔ 의사소통 역량 ✔ 정보처리 역량 ✔ 유창성 ✔ 정교성

난이도 ★★★☆☆

다음과 같은 규칙 에 따라 '분자가 1이고 분모가 □인 분수'를 각 단계에 따라 차례로 나열할 수 있습니다. 물음에 답하시오.

규칙

'분자가 1이고 분모가 □인 분수'를 규칙에 따라 단계를 나누어 나열할 수 있다.
1단계에서는 분자가 1이고 분모가 □인 분수 1개, 2단계에서는 1단계의 분모와 분자가 바뀐 가분수 2개, 3단계에서는 1단계의 분수 3개를, 4단계에서는 1단계의 분모와 분자가 바뀐 가분수 4개를 나열한다.
이와 같은 규칙을 반복하여 분수를 나열한다.

예시

'분자가 1이고 분모가 2인 분수'를 위의 규칙에 따라 단계를 나누어 나열하면 다음과 같다.

1단계: $\frac{1}{2}$ / 2단계: $\frac{2}{1}$, $\frac{2}{1}$ / 3단계: $\frac{1}{2}$, $\frac{1}{2}$, $\frac{1}{2}$ / 4단계: $\frac{2}{1}$, $\frac{2}{1}$, $\frac{2}{1}$, $\frac{2}{1}$

(1) '분자가 1이고 분모가 2인 분수'를 10단계까지 나열했을 때, 1단계부터 10단계까지의 분수의 총 개수를 구하시오.

정답 ....

▶ 정답 및 해설 44쪽

(2) '분자가 1이고 분모가 5인 분수'를 1단계부터 10단계까지 나열했을 때, 분수의 총합을 구하시오.

정답 ....

(3) '분자가 1이고 분모가 □인 분수'를 1단계부터 20단계까지 나열했을 때, 분수의 총합이 2205입니다. 이때, □의 값을 구하시오.

정답 ....

✔ 삼각형 ✔ 다각형 ✔ 대각선 ✔ 둘레 구하기 ✔ 문제해결 역량 ✔ 정보처리 역량 ✔ 융통성

난이도 ★★★☆☆

한 변의 길이가 10 cm인 정사각형에 다음과 같이 **규칙** 에 따라 일정한 간격으로 선분을 그리려고 합니다. 물음에 답하시오.

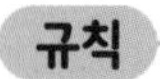

□단계일 때, 선분을 그리는 간격은 $\frac{4}{\square}$ cm입니다. 이 간격에 따라 선분을 더 이상 그릴 수 없을 때까지 그립니다.

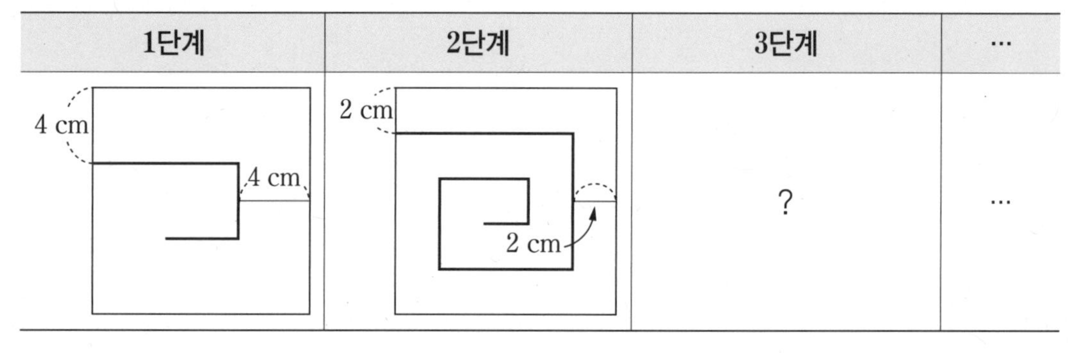

(1) 2단계에서 그린 선분의 길이는 모두 몇 cm인지 구하시오.

정답 ....

▶ 정답 및 해설 45쪽

(2) 4단계에서 그린 선분의 길이는 모두 몇 cm인지 구하시오.

정답 ....

(3) 8단계에서 그린 선분의 길이는 모두 몇 cm인지 구하시오.

정답 ....

5

✔ 나머지가 있는 나눗셈 ✔ 시계의 성질 ✔ 정보처리 역량 ✔ 정교성

난이도 ★★★★☆

다음 규칙 에 따라 작은 바늘과 큰 바늘이 움직이는 모형 시계가 있습니다. 모형 시계의 작은 바늘과 큰 바늘이 모두 12를 가리키고 있을 때, 물음에 답하시오.

규칙

① 모형 시계에서 숫자는 5분 간격으로 적혀 있고, 5분은 한 칸을 의미한다.
② 학생은 자신의 번호에 해당하는 수만큼 큰 바늘을 시계 방향으로 움직일 수 있다. 예를 들어, 번호가 3번인 학생은 시계의 큰 바늘을 3칸 움직일 수 있다.
③ 큰 바늘이 한 바퀴 다 돌아 12를 지날 때마다 작은 바늘이 한 칸씩 움직인다.

(1) 1번부터 11번까지 학생 11명이 모두 시계의 큰 바늘을 규칙 에 따라 순서대로 한 번씩 이동시켰습니다. 이때, 작은 바늘과 큰 바늘이 가리키는 수의 합을 구하시오.

정답 ....

▶ 정답 및 해설 45쪽

(2) 모형 시계의 작은 바늘이 한 바퀴 돌아 다시 12의 위치로 오려면 최소한 몇 명의 학생이 필요한지 구하시오.

정답 ....

(3) 모형 시계의 작은 바늘과 큰 바늘이 모두 6에 위치하고 난 후 바로 다음 번호의 학생이 시계의 큰 바늘을 움직였을 때의 시계의 작은 바늘과 큰 바늘이 가리키는 두 수의 곱을 구하시오.

정답 ....

6 ✓ 모양 규칙 ✓ 증가 규칙 ✓ 도형의 둘레 ✓ 문제해결 역량 ✓ 정보처리 역량 ✓ 유창성 ✓ 정교성

난이도 ★★★★☆

보기 의 3가지 모양 블록을 돌리거나 뒤집어서 다음과 같이 규칙에 따라 모양을 만들려고 합니다. 물음에 답하시오. (단, 모눈 한 칸의 길이는 1 cm입니다.)

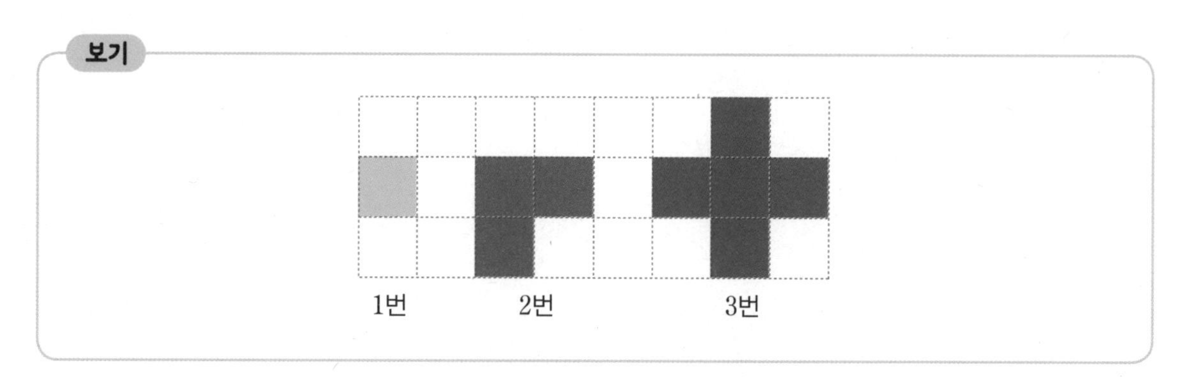

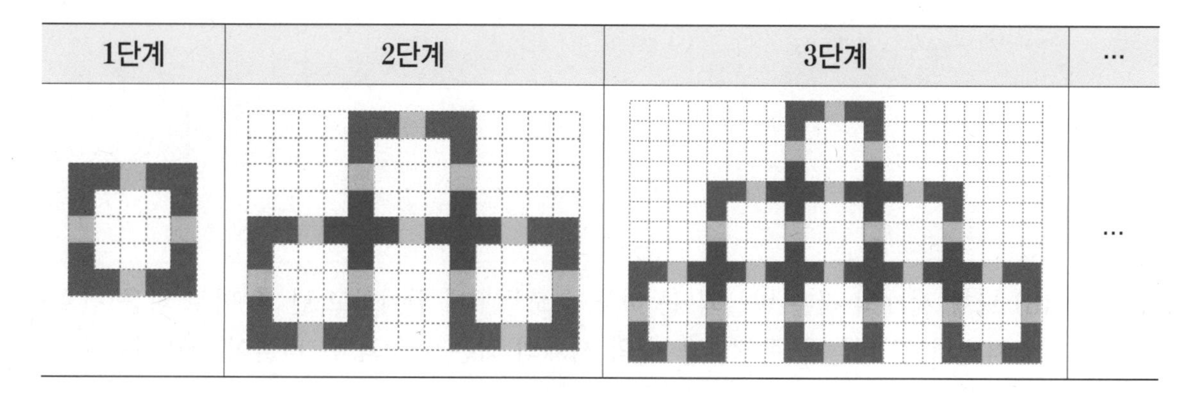

(1) 4단계에 사용된 3가지 모양 블록의 개수를 각각 구하시오.

정답 1번: , 2번: , 3번:

(2) 5단계에서 만들어진 모양을 둘러싼 길이를 구하시오.

정답 ....

(3) 블록의 길이를 다음과 같이 늘렸을 때, 9단계에서 만들어진 모양을 둘러싼 길이를 구하시오.

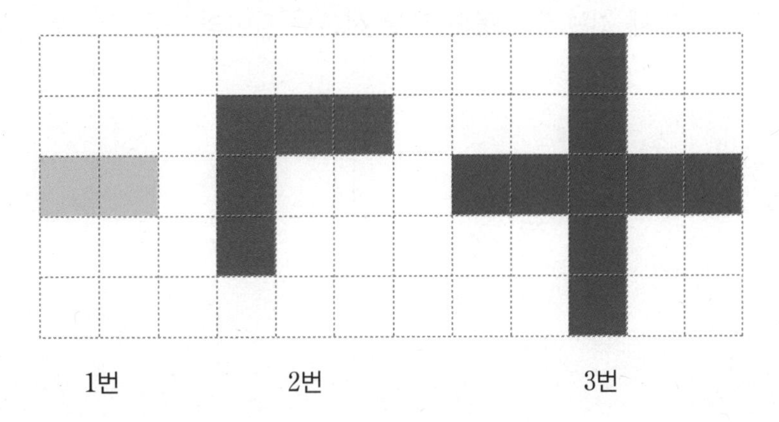

정답 ....

✔ 모양 규칙 ✔ 증가 규칙 ✔ 둘레 구하기 ✔ 문제해결 역량 ✔ 추론 역량 ✔ 유창성 ✔ 융통성

난이도 ★★★★★

다음은 정사각형 3개를 이어 붙인 ㄴ자 모양의 도형을 모양과 크기가 같은 4개의 도형으로 나누는 **규칙** 입니다. 이때, ㄴ자 모양의 도형을 이루는 정사각형의 한 변의 길이는 이전 단계 정사각형의 한 변의 길이의 반이 됩니다. 물음에 답하시오.

1단계	2단계	3단계	…
			…

(1) 다음 그림과 같이 1단계의 ㄴ자 모양의 도형을 이루는 정사각형의 한 변의 길이가 10 cm일 때, 3단계 도형의 모든 선분의 길이의 합은 몇 cm인지 구하시오.

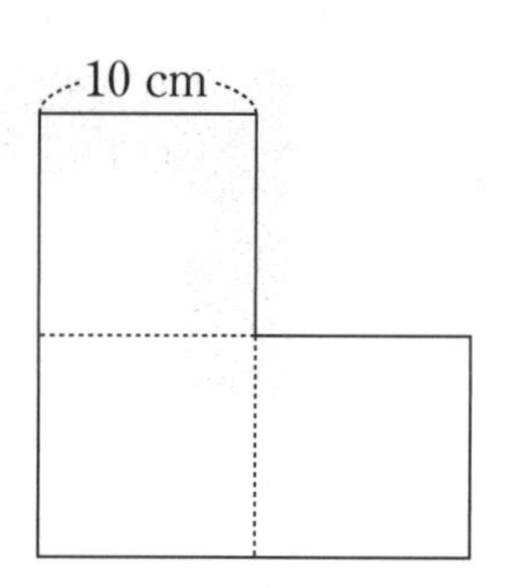

정답 ....

(2) 4단계에서 모양과 크기가 같은 ㄴ자 모양의 도형의 둘레의 길이가 80 cm라면 1단계의 도형을 이루는 정사각형의 한 변의 길이는 몇 cm인지 구하시오.

정답 ....

(3) 5단계에서 모양과 크기가 같은 ㄴ자 모양의 도형은 모두 몇 개인지 구하시오.

정답 ....

✔ 목표수 만들기 ✔ 모눈 칸 규칙 ✔ 문제해결 역량 ✔ 의사소통 역량 ✔ 정보처리 역량
✔ 유창성 ✔ 융통성 ✔ 정교성

난이도 ★★★★★

모눈 칸을 이용하여 수를 나타내는 규칙이 있습니다. 다음은 가로 4칸, 세로 4칸 모눈 칸을 이용하여 1부터 4까지의 수를 나타낸 것입니다. 물음에 답하시오.

(단, 모눈 한 칸에는 점을 1개만 그릴 수 있습니다.)

나타낼 수	방법
1	
2	
3	
4	

(1) 규칙에 따라 가로 5칸, 세로 5칸의 모눈 칸을 이용하여 5를 나타낼 수 있는 방법을 모두 찾아 그리시오.

정답

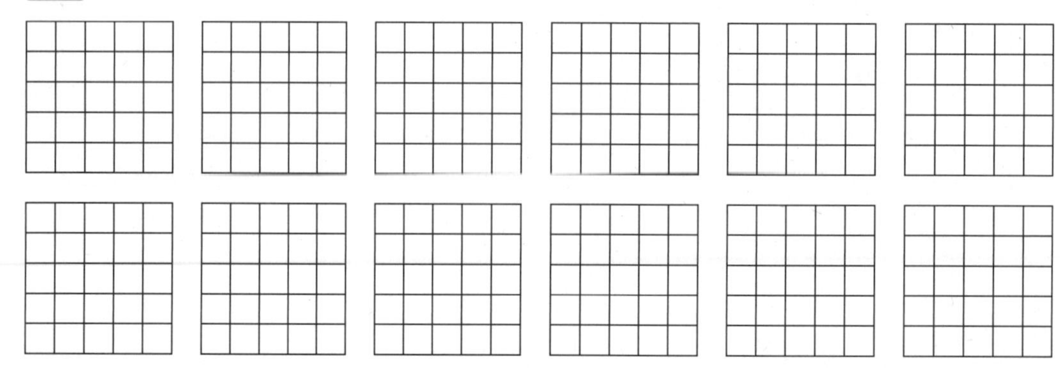

▶ 정답 및 해설 49쪽

(2) 규칙에 따라 가로 6칸, 세로 6칸의 모눈 칸을 이용하여 6을 나타낼 수 있는 방법을 모두 찾아 그리시오.

정답

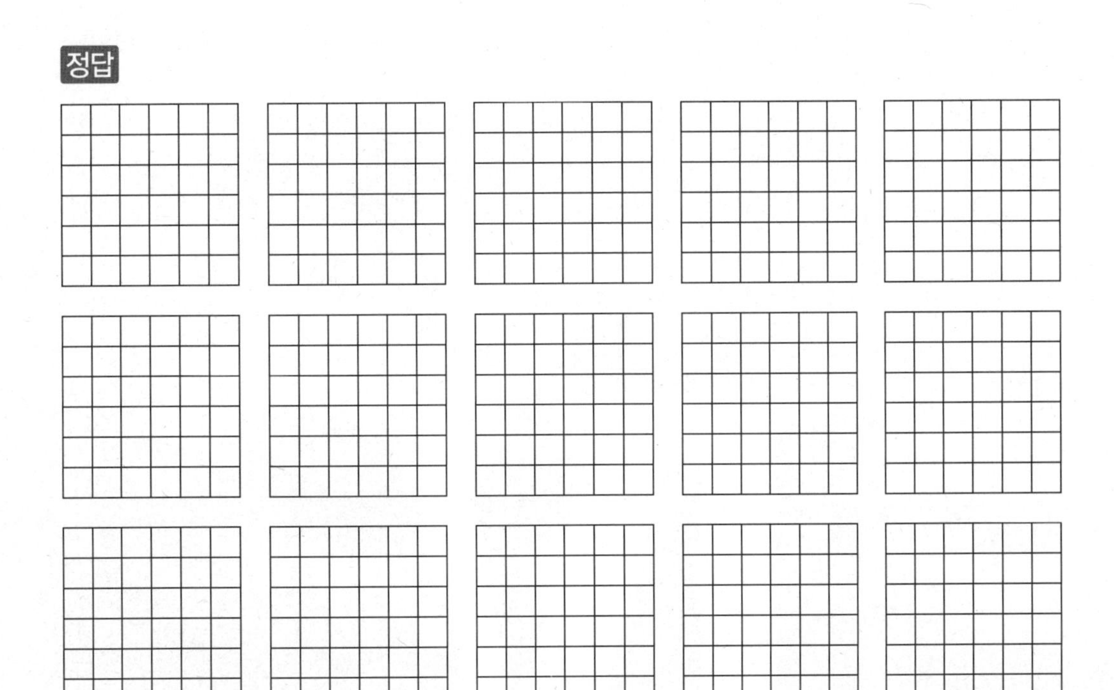

(3) 가로 12칸, 세로 12칸의 모눈 칸에 점을 최대 3개까지만 이용하여 12를 나타낼 수 있는 방법은 모두 몇 가지인지 구하시오.

정답 ....

IV

자료와 가능성

연계 교육과정 확인하기

초등 2학년	초등 3학년	초등 4학년
2-2 표와 그래프	3-2 자료의 정리	4-1 막대그래프 4-2 꺾은선그래프

자료와 가능성 영역에서 자주 출제되는 유형

- 조건에 맞는 수 구하기
- 만들 수 있는 경우의 수 구하기
- 놀이 점수 추론하기
- 게임 결과에서 그래프의 해석
- 게임의 조건 파악하기
- 실생활에서 그래프의 해석
- 증가 규칙에 따른 그래프의 해석
- 순환 규칙에 따른 그래프의 해석
- 그래프의 정보를 이용한 문제해결

자료와 가능성 영역 한눈에 익히기

자료와 가능성 영역은 4학년에서 가장 자주 출제되는 영역입니다. 2학년에서는 자료를 정리하는 데 필요한 기본적인 형태인 표와 그래프를 간단히 배우고, 3학년에서는 그림그래프를 배우며, 비로소 4학년에서는 막대그래프와 꺾은선그래프를 배우게 되어 초등학교에서 다루는 그래프를 모두 배우게 됩니다.

그만큼 4학년에서는 그래프의 분석과 해석, 그래프를 그리는 방법 등을 중요하게 다룹니다. 또한, 막대그래프, 꺾은선그래프는 일상생활에서 자주 접하는 그래프이기 때문에 실생활과 연계할 수 있는 소재가 매우 다양합니다.

그동안 자료와 가능성 영역은 다른 단원에 비해 많이 출제되지 않았지만, 인공지능과 빅데이터의 중요성이 강조되는 요즘 교육 현장에서도 자료와 가능성 영역을 비중 있게 다루기 시작했습니다. 따라서 기본적인 데이터를 수집하고 분석하며 해석하는 역량을 필수적으로 갖추어야 합니다.

자료와 가능성 영역에서 출제될 수 있는 문제 유형 중 가장 기본적인 것은 '경우의 수'를 구하는 것입니다. 문제에서 주어진 조건에 맞는 수나 방법을 체계적으로 정리하여 빠짐없이, 그리고 중복되지 않게 셀 수 있어야 합니다. 정교성이 요구되는 유형이기 때문에 많은 학생들이 맞추기 어려우므로, 변별력을 높이는 문제로 자주 출제됩니다.

다음으로 중요한 유형은 다양한 그래프를 해석하여 문제를 해결하는 것입니다. 그래프를 실생활과 연계한 문제가 자주 다뤄지는 소재입니다. 또, 놀이와 게임도 그래프에서 흔히 다루는 소재입니다. 이때, 중요한 것은 그래프에서 제시하는 사실입니다. 그래프가 어떤 정보를 제공하고 있는지 빠르고 정확하게 파악하여 문제에서 요구하는 조건을 구할 수 있어야 합니다.

종종 두 가지 이상의 자료에 대한 그래프가 혼합되어 출제되기도 하고, 한 가지 자료를 표와 그래프에 나타내어 해석하는 문제가 출제되기도 합니다. 이러한 유형의 문제는 그래프를 종합적으로 파악하여 분석하고 이해할 수 있는 능력이 필요합니다. 특히, 각 그래프가 무엇을 나타내고 있는지, 가로축과 세로축이 의미하는 것은 무엇인지 세심하게 살펴보아야 합니다. 이후 두 그래프의 관계를 파악하면 문제는 어렵지 않게 해결할 수 있습니다.

Ⅳ 경시대회 대비

1

✔ 막대그래프 ✔ 그래프 해석 ✔ 가위바위보 게임 ✔ 게임의 조건 ✔ 문제해결 역량
✔ 추론 역량 ✔ 융통성

난이도 ★★☆☆☆

지은, 시윤, 재영이 세 친구가 가위바위보 게임을 했습니다. 게임에서 이긴 경우 5점을 얻고, 진 경우 3점을 잃습니다. 다음 그래프는 가위바위보 게임에서 이긴 횟수와 진 횟수를 조사하여 나타낸 막대그래프입니다. 이때, 재영이의 점수를 구하시오.

(단, 가위바위보 게임에서 비긴 경우는 없습니다.)

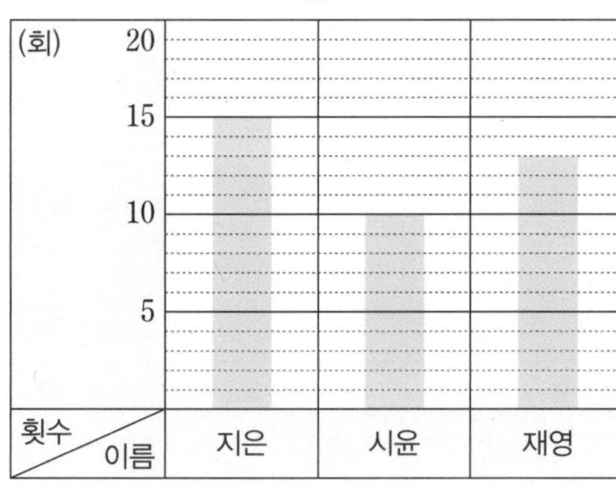

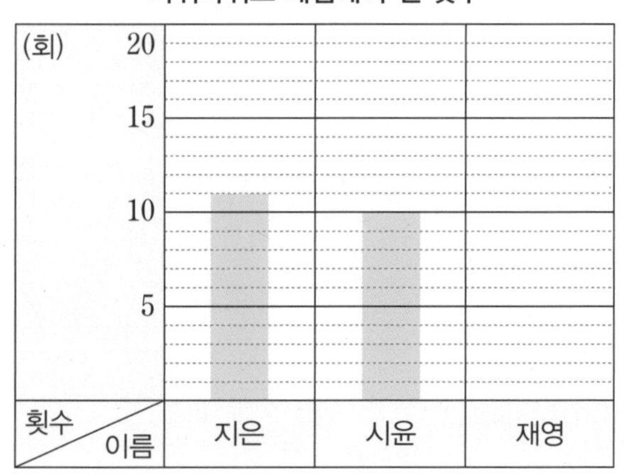

정답 ....

▶ 정답 및 해설 52쪽

✔ 꺾은선그래프 ✔ 그래프 해석 ✔ 문제해결 역량 ✔ 연결 역량 ✔ 정보처리 역량 ✔ 융통성 ✔ 정교성

난이도 ★★★☆☆

다음은 어떤 회사에서 생산하는 제품 A, B, C, D의 요일별 제품의 생산량과 수요일의 제품별 생산량을 조사하여 나타낸 그래프입니다. 이 회사 제품의 총 생산량은 5100개이고, 화요일 제품의 생산량보다 수요일 제품의 생산량이 200개 더 많습니다. 제품 B의 판매 가격이 4300원일 때, 수요일에는 제품 B를 모두 판매했습니다. 수요일 제품 B의 총 판매 금액은 얼마인지 구하시오. (단, 이 회사는 월요일부터 목요일까지만 제품을 생산합니다.)

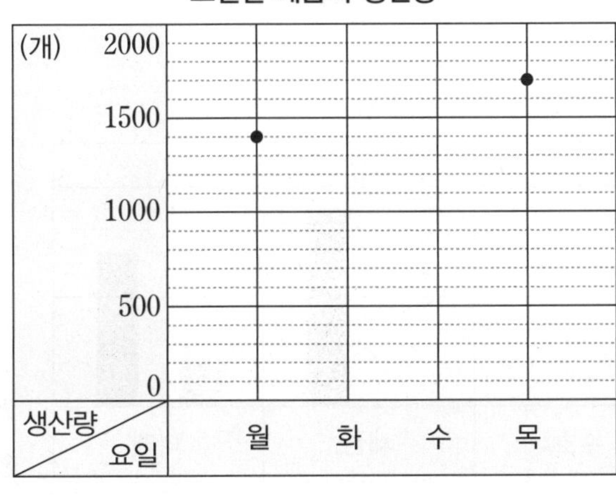

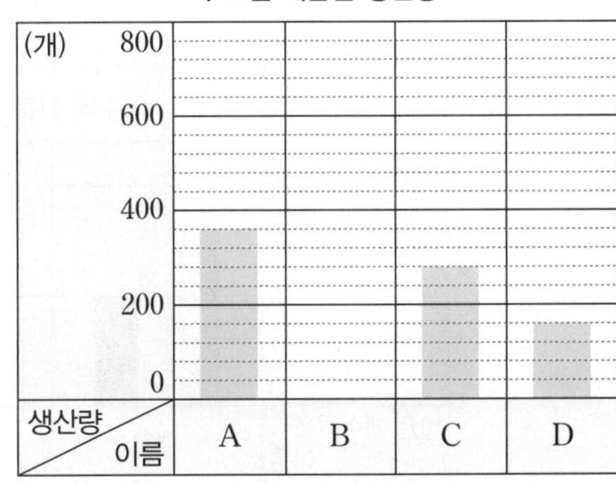

정답 ....

✔ 막대그래프 ✔ 그래프의 정보를 이용한 문제해결 ✔ 문제해결 역량 ✔ 추론 역량 ✔ 정교성

난이도 ★★★☆☆

재우네 반은 투호 놀이를 하고 있습니다. 화살이 오른쪽 그림의 가운데 원통에 들어가면 5점, 양쪽 원통에 들어가면 2점을 얻습니다. 다음은 투호 놀이에서 재우네 모둠이 넣은 점수별 화살의 수를 조사하여 나타낸 막대그래프입니다. 재우네 모둠이 얻은 점수는 총 290점이고, 세현이가 얻은 점수는 수호가 얻은 점수보다 50점이 많습니다. 나래가 화살을 5점짜리 원통에 넣어 얻은 점수는 수호가 화살을 2점짜리 원통에 넣어 얻은 점수보다 4점이 많을 때, 수호가 5점짜리 원통에 넣은 화살의 개수와 세현이가 5점짜리 원통에 넣은 화살의 개수의 차를 구하시오.

재우네 모둠이 넣은 점수별 화살의 수

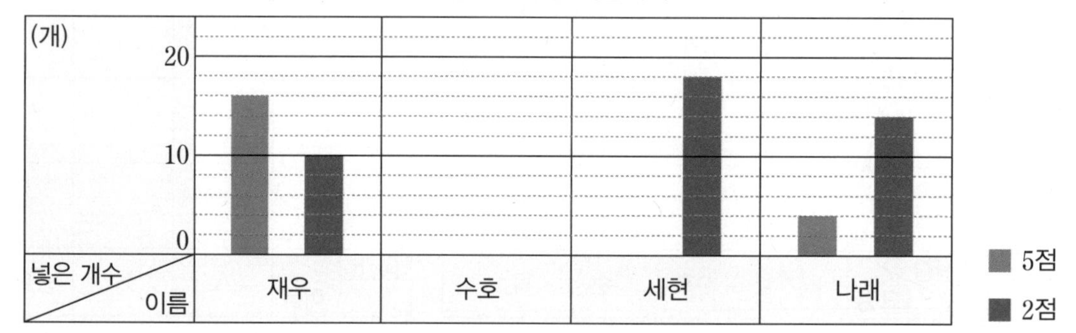

정답 ....

▶ 정답 및 해설 53쪽

✔ 경우의 수 ✔ 조건에 맞는 동전의 개수 구하기 ✔ 문제해결 역량 ✔ 추론 역량 ✔ 융통성

난이도 ★★★★☆

연우네 반에서는 1모둠부터 4모둠까지 각 모둠이 100원짜리와 500원짜리 동전으로 이웃돕기 성금을 모금했습니다. 전체 모금액이 30000원일 때, 조건 을 이용하여 표의 빈칸에 들어갈 알맞은 수를 각각 구하시오.

조건

① 네 모둠에서 각각 모은 동전의 개수의 합은 모두 다르다.
② 3모둠의 모금액은 2모둠의 모금액보다 5000원이 더 많다.
③ 2모둠과 3모둠에서 모은 동전은 두 모둠 모두 500원짜리 동전의 개수가 100원짜리 동전의 개수보다 더 많다.
④ 2모둠과 3모둠에서 모은 동전의 개수의 합은 1모둠과 4모둠에서 모은 동전의 개수의 합과 같다.

1모둠		2모둠		3모둠		4모둠	
500원 짜리	100원 짜리	500원 짜리	100원 짜리	500원 짜리	100원 짜리	500원 짜리	100원 짜리
14개	18개	㉠개	㉡개	㉢개	㉣개	6개	8개

정답 ㉠= , ㉡= , ㉢= , ㉣=

Ⅳ 영재교육원 대비

✔ 경우의 수 ✔ 만들 수 있는 경우의 수 구하기 ✔ 문제해결 역량 ✔ 유창성

난이도 ★★☆☆☆

앞면에만 0부터 6까지의 눈이 그려진 정사각형 모양의 숫자판을 이용하여 조건 에 따라 도미노를 만들었습니다. 물음에 답하시오.

(단, 숫자판은 여러 종류의 색이 있고, 같은 눈이 그려진 숫자판은 여러 개 있습니다.)

조건

① 숫자판 중 두 개를 골라 나란히 이어 붙여 직사각형 모양으로 만든다.

예시 

② 같은 수를 이어 붙여 만들어도 된다.

예시 

③ 도미노의 수는 도미노에 사용된 정사각형 모양의 숫자판의 두 눈의 수의 합이다.

예시 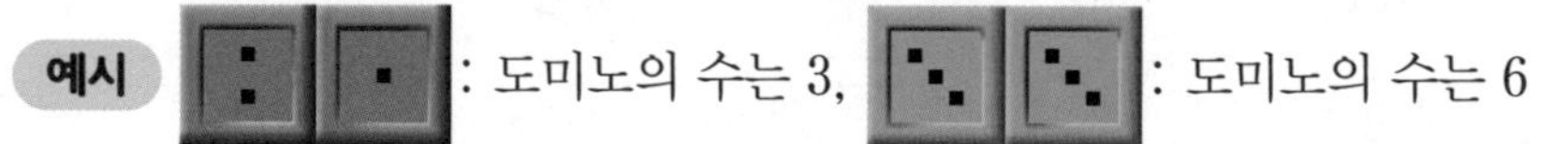

(1) 위의 조건 에 따라 만들 수 있는 도미노는 모두 몇 개인지 구하시오.

(단, 돌려서 같은 모양은 한 가지로 생각합니다.)

정답 ....

정답 및 해설 55쪽

(2) 0부터 8까지의 수 중에서 2개를 골라 합이 8이 되는 경우는 모두 몇 가지인지 구하시오.
(단, 같은 수를 2번 더할 수 있으며, 더하는 순서가 바뀌는 경우는 한 가지로 생각합니다.)

(3) 다음은 도미노의 수가 2인 경우입니다.

위의 도미노 1개에 서로 다른 2개의 도미노를 이어 붙여 도미노의 수의 합이 10이 되는 도미노를 만들려고 합니다. 만들 수 있는 경우는 모두 몇 가지인지 구하시오.
(단, 도미노의 순서는 생각하지 않습니다.)

정답 ....

✔ 꺾은선그래프 ✔ 증가 규칙 ✔ 그래프 해석 ✔ 문제해결 역량 ✔ 연결 역량
✔ 정보처리 역량 ✔ 융통성 ✔ 정교성

난이도 ★★★☆☆

일정한 양의 물이 나오는 수도꼭지가 있습니다. 다음은 수도꼭지 1개에서 나오는 물을 물통에 담은 물의 양을 조사하여 나타낸 꺾은선그래프입니다. 물음에 답하시오.

물통에 담은 물의 양

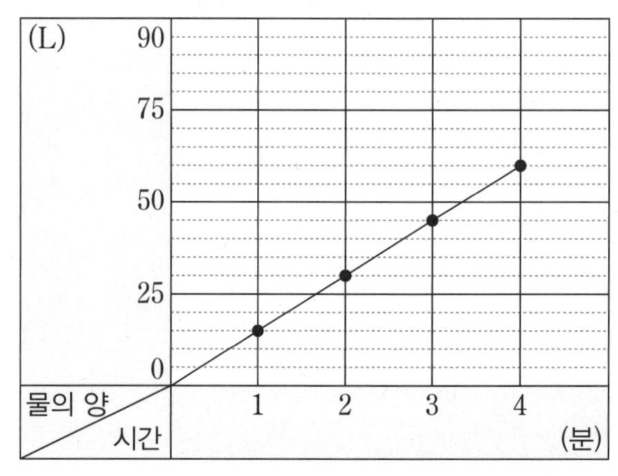

(1) 수도꼭지 1개로 들이가 630 L인 물통을 가득 채우는 데 걸리는 시간을 구하시오.

정답 ....

(2) 물을 채우기 시작하여 5분까지는 수도꼭지 1개로 채우다가 5분 이후부터는 같은 양의 물이 나오는 수도꼭지 1개를 더 추가했습니다. 이때, 물통에 담은 물의 양을 꺾은선그래프로 나타내시오.

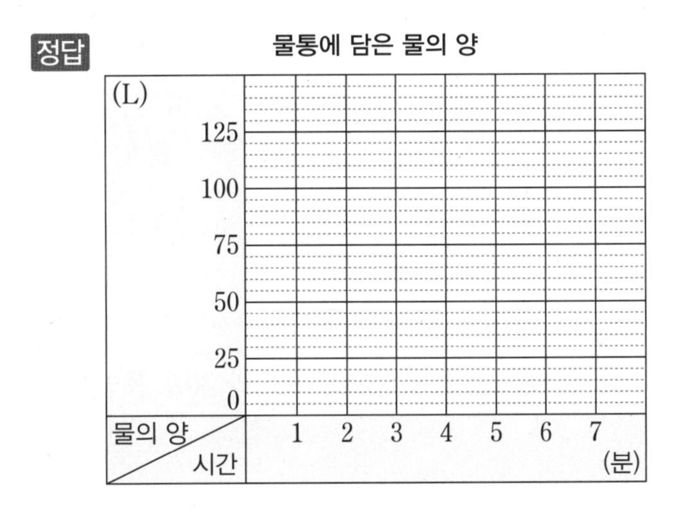

(3) 이번에는 수도꼭지 5개를 다음 표와 같이 시간에 따라 개수를 다르게 하여 틀었습니다. 들이가 1000 L인 물통을 채우는 데 걸리는 시간을 분수로 나타내시오.

시간	0분~1분	1분~3분	3분~6분	7분~11분	11분 이후
튼 수도꼭지의 개수	1개	2개	3개	4개	5개

정답 ....

3

✔ 막대그래프 ✔ 순환 규칙 ✔ 문제해결 역량 ✔ 연결 역량 ✔ 정보처리 역량 ✔ 유창성 ✔ 융통성 ✔ 정교성

난이도 ★★★★☆

도부터 솔까지의 건반만 있는 피아노를 연주하는 로봇이 다음 **명령** 에 따라 연주를 합니다. 물음에 답하시오.

명령

- 빠르기(1초 동안 연주하는 음의 수): 1
- 연주 규칙: 도 → 레 → 미 → 파 → 솔 → 솔 → 파 → 미 → 레 → 도 → 도 → 레 → 미 → 파 → 솔 → 솔 → 파 → ⋯

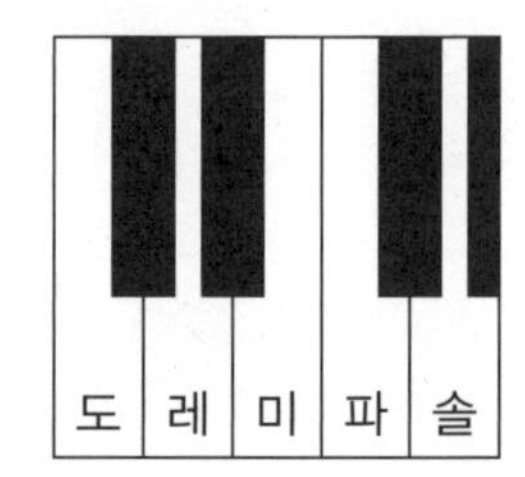

(1) 로봇이 **명령** 에 따라 30초 동안 연주할 때, '도' 음은 몇 번 나오는지 구하시오.

정답 

(2) 다음은 로봇이 **명령** 에 따라 일정 시간 동안 연주할 때 각각의 음이 나오는 횟수를 조사하여 나타낸 막대그래프입니다. 이때, 로봇이 연주한 시간을 구하시오.

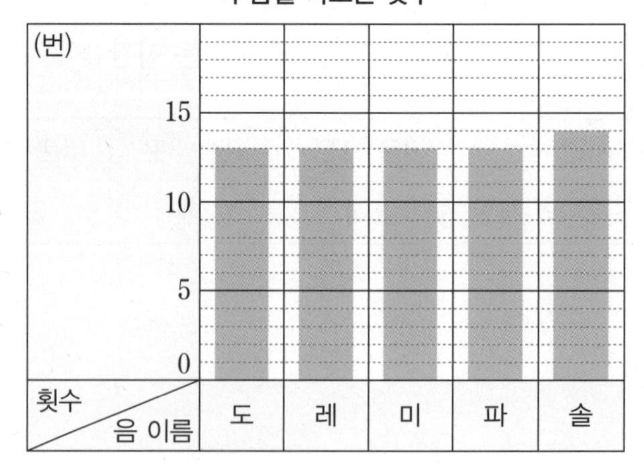

정답 ……………………

(3) 이번에는 로봇이 빠르기를 3으로 연주할 때(즉, 1초 동안 연주하는 음이 3개일 때), 같은 규칙으로 연주하려고 합니다. 1분 동안 연주할 때 각각의 음이 나오는 횟수를 조사하여 막대그래프로 나타내시오.

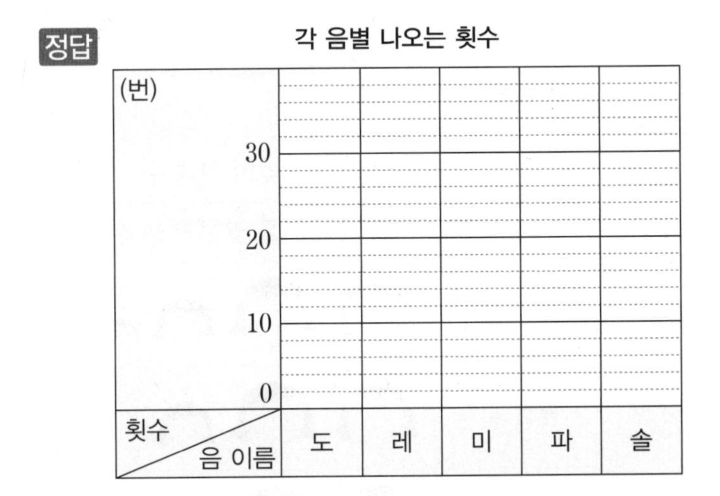

✓ 그림그래프 ✓ 그래프 해석 ✓ 문제해결 역량 ✓ 추론 역량 ✓ 융통성 ✓ 정교성

난이도 ★★★★☆

다음은 진주네 반 학생들이 색깔이 다른 봉투에 들어 있는 4개의 퀴즈를 풀고 난 결과를 조사하여 나타낸 그림그래프입니다. 학생들은 퀴즈를 맞히면 1점부터 4점까지 각 봉투별로 점수를 얻게 됩니다. 학생들은 한 사람도 빠짐없이 퀴즈 풀기에 참여하여 6점부터 10점까지의 점수를 얻었습니다. 물음에 답하시오.

봉투별 문제를 맞힌 학생 수

퀴즈 봉투	문제를 맞힌 학생 수
노란 봉투	
초록 봉투	
파란 봉투	
빨간 봉투	

10명 5명 1명

점수별 학생 수

점수	학생 수
10점	
9점	
8점	
7점	
6점	

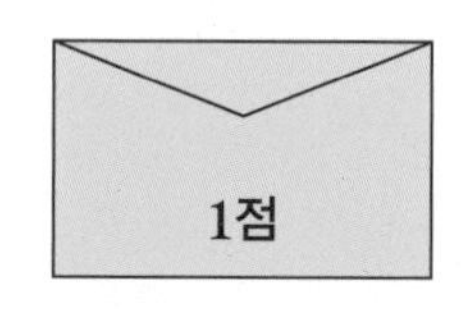

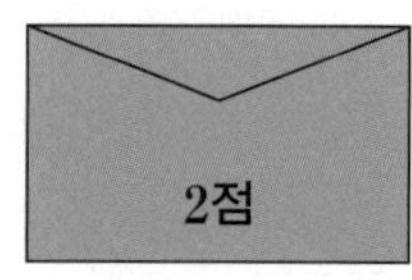

(1) 진주네 반 학생 수를 구하시오.

정답 ....

▶ 정답 및 해설 59쪽

(2) 7점을 얻은 학생 중에서 퀴즈를 세 문제 맞힌 학생 수를 구하시오.

정답 ....

(3) 퀴즈를 두 문제 맞힌 학생 수를 구하시오.

정답 ....

MEMO

영재교육의 NO.1

시대에듀는 특별한 여러분을 위해
최상의 학습서를 준비합니다.

코딩 · SW · AI 이해에 꼭 필요한

초등 코딩 Coding 사고력 수학 시리즈

수학을 기반으로 한 **SW** 융합 학습서

초등 **SW** 교육과정 완벽 반영

언플러그드 코딩을 통한 흥미 유발

초등 컴퓨팅 사고력 + **수학 사고력** 동시 향상

한 권으로 끝내는 **대학부설 · 교육청 영재교육원** 및 **각종 경시대회** 완벽 대비

초등 4학년

정답 및 해설

시대에듀

이 책의 차례

영재 사고력 수학
단원별 · 유형별 실전문제집

정답 및 해설

경시대회 대비

1

정답 56분

해설 210분을 시간으로 나타내면 3시간 30분이다.
버리는 한 시간에 2.64 km를 이동하므로 30분에 1.32 km를 이동한다. 버리는 중간에 한 번도 쉬지 않았으므로
(버리가 3시간 30분 동안 이동한 직선 거리)=2.64+2.64+2.64+1.32=9.24 (km)이다.
한편, 딜리는 한 시간에 3.6 km를 이동하므로 30분에 1.8 km를 이동한다.
(딜리가 3시간 30분 동안 이동한 직선 거리)=3.6+3.6+3.6+1.8=12.6 (km)이므로 딜리가 3시간 30분동안 쉬지 않고 이동한다면 12.6−9.24=3.36 (km)만큼 버리를 지나치게 된다. 즉, 딜리는 3.36 km를 이동하는 시간만큼 멈추어 쉬어야 한다.
이때, 딜리는 30분에 1.8 km를 이동하므로 10분에 0.6 km를 이동한다.
3=0.6+0.6+0.6+0.6+0.6이므로 50분 동안에 3 km를 이동한다.
또한, 10분에 0.6 km를 이동하므로
0.6=0.06+0.06+0.06+0.06+0.06+0.06+0.06+0.06+0.06+0.06에서 1분에 0.06 km를 이동한다. 즉, 0.36=0.06+0.06+0.06+0.06+0.06+0.06이므로 6분 동안에 0.36 km를 이동한다.
따라서 3+0.36=3.36 (km)이고 50+6=56(분)이므로 딜리는 출발 후 56분을 쉬어야 정중앙에서 버리를 만날 수 있다.

2

정답

이름	선우	서연	지희	시윤	재영
몸무게(kg)	46.68	41.6	36.11	38.98	48.58

해설 시우의 몸무게는 46.3 kg이므로 조건에 따라 친구들의 몸무게를 차례로 구한다.
조건 ①에서 시우는 서연이보다 4.7 kg 무겁다고 했으므로 서연이의 몸무게는
46.3−4.7=41.6 (kg)이다.
조건 ②에서 시윤이는 시우보다 7.32 kg 가볍다고 했으므로 시윤이의 몸무게는
46.3−7.32=38.98 (kg)이다. 또, 시윤이는 지희보다 2.87 kg 무겁다고 했으므로 지희의 몸무게는 38.98−2.87=36.11 (kg)이다.
조건 ③에서 선우는 서연이보다 5.08 kg 무겁다고 했으므로 선우의 몸무게는
41.6+5.08=46.68 (kg)이다. 또, 선우는 재영이보다 1.9 kg 가볍다고 했으므로 재영이의 몸무게는 46.68+1.9=48.58 (kg)이다.

3

정답 150

해설 계단 모양 안의 6개의 수 중에서 가장 작은 수를 □라고 하자. 6개의 수는 첫 번째 줄에 있는 수는 □이고, 두 번째 줄에 있는 수는 □+10, □+11, 세 번째 줄에 있는 수는 □+20, □+21, □+22로 나타낼 수 있다. 이때, 계단 모양 안의 수의 합이 468이므로
□+□+10+□+11+□+20+□+21+□+22=468이다. 6×□+84=468이므로
6×□=384, 즉 □=64이다.
따라서 가장 작은 수는 64이고 가장 큰 수는 □+20=86이므로 두 수의 합은
64+86=150이다.

4

정답 읽은 책: 동화책, 책을 읽은 시간: 40분

해설 조건 ②에서 지혜와 하늘이가 책을 읽은 시간은 합해서 60분이고, 지혜가 책을 읽은 시간은 하늘이가 책을 읽은 시간의 5배이므로 지혜는 50분, 하늘이는 10분 책을 읽었다.

조건 ①에서 하늘이는 소설책을 읽는 친구의 2배, 동화책을 읽는 친구의 $\frac{1}{4}$배만큼의 시간 동안 책을 읽었으므로 소설책을 읽은 친구는 5분, 동화책을 읽은 친구는 40분 책을 읽었다.

조건 ③에서 역사책을 읽은 친구가 책을 읽은 시간은 지혜가 책을 읽은 시간의 $\frac{1}{2}$배만큼이므로 25분이다. 즉, 5명의 친구들이 책을 읽은 시간은 각각 5분, 10분, 25분, 40분, 50분이다.

조건 ④에서 가장 오랫동안 책을 읽은 친구는 50분 책을 읽은 지혜이고, 읽은 책은 만화책이다. 동화책을 읽은 시간의 $\frac{1}{4}$배만큼은 10분이므로 하늘이가 읽은 책은 위인전이다.

마지막으로 조건 ③에서 사랑이가 책을 읽은 시간은 태양이가 책을 읽은 시간의 5배이므로 태양이는 소설책을, 사랑이는 역사책을 읽었다.
따라서 초롱이가 읽은 책은 동화책이고, 책을 읽은 시간은 40분이다.

구분	읽은 책	책을 읽은 시간 (분)
하늘	위인전	10
초롱	동화책	40
지혜	만화책	50
사랑	역사책	25
태양	소설책	5

5

정답 1295

해설 완성된 분수판의 규칙은 분수판에서 분수 부분은 일정하고, 자연수 부분은 단계별로 0에서부터 1씩 늘어나는 것이다.

첫 번째 분수판의 분수를 모두 더하면 $\frac{1}{5}$이 2개, $\frac{2}{5}$가 4개, $\frac{3}{5}$이 6개, $\frac{4}{5}$가 8개, $\frac{5}{5}$가 5개이므로 $\frac{1}{5}\times2+\frac{2}{5}\times4+\frac{3}{5}\times6+\frac{4}{5}\times8+\frac{5}{5}\times5=\frac{2}{5}+\frac{8}{5}+\frac{18}{5}+\frac{32}{5}+\frac{25}{5}=\frac{85}{5}=17$ 이다.

따라서 첫 번째 분수판의 분수를 모두 더하면 17이다.

두 번째 분수판에서 분수 부분의 합은 17이고, 분수판은 25개의 칸으로 이루어져 있으므로 자연수 부분의 합은 $1\times25=25$이다.

따라서 두 번째 분수판의 분수를 모두 더하면 $17+25=42$이다.

세 번째 분수판에서 분수 부분의 합은 17이고, 자연수 부분의 합은 $2\times25=50$이므로 세 번째 분수판의 분수를 모두 더하면 $17+50=67$이다.

이와 같은 규칙으로 □번째 분수판의 분수를 모두 더하면 $17+25\times(\square-1)$이다.

그러므로 첫 번째 분수판부터 열 번째 분수판까지의 분수판의 모든 분수의 합은

$17+17+1\times25+17+2\times25+\cdots+17+8\times25+17+9\times25$

$=17\times10+(1+2+\cdots+8+9)\times25=17\times10+45\times25$

$=170+1125=1295$

이다.

6

정답 0.6 kg

해설 딸기잼과 땅콩잼이 가득 들어 있는 2개의 유리병의 무게의 합이 5.8 kg이므로 다음과 같이 식으로 나타낼 수 있다.

(딸기잼의 무게)+(유리병의 무게)+(땅콩잼의 무게)+(유리병의 무게)=5.8 (kg)

이때, 딸기잼의 $\frac{1}{5}$만큼 사용한 후, 잼이 들어 있는 2개의 유리병의 무게의 합이 5.2 kg이므로 딸기잼의 $\frac{1}{5}$의 무게는 $5.8-5.2=0.6$ (kg)임을 알 수 있다.

즉, 전체 딸기잼은 0.6이 5개 있는 것과 같으므로 유리병에 가득 들어 있는 딸기잼만의 무게는 $0.6\times5=3$ (kg)이다.

그 다음 땅콩잼의 $\frac{1}{4}$만큼 사용한 후, 잼이 들어 있는 2개의 유리병의 무게의 합이 4.8 kg이므로 땅콩잼의 $\frac{1}{4}$의 무게는 $5.2-4.8=0.4$ (kg)임을 알 수 있다.

즉, 전체 땅콩잼은 0.4가 4개 있는 것과 같으므로 유리병에 가득 들어 있는 땅콩잼만의 무게는 $0.4\times4=1.6$ (kg)이다.

이때, (딸기잼의 무게)+(유리병의 무게)+(땅콩잼의 무게)+(유리병의 무게)=5.8 (kg),

즉 $3+(\text{유리병의 무게})+1.6+(\text{유리병의 무게})=5.8\,(\text{kg})$이므로 2개의 유리병의 무게는 $5.8-4.6=1.2\,(\text{kg})$이다.

따라서 $0.6+0.6=1.2$이므로 유리병 1개의 무게는 0.6 kg이다.

7

정답 14

해설 보이지 않는 두 수를 각각 □, △라 할 때, □가 △보다 크다고 하자.

이때, 가장 큰 수는 99□□△△00이고, 가장 작은 수는 △00△□□99이다. 가장 큰 수와 가장 작은 수의 차가 49717701이므로 이것을 세로셈을 나타내면 다음과 같다.

	9	9	□	□	△	△	0	0
−	△	0	0	△	□	□	9	9
	4	9	7	1	7	7	0	1

□가 △보다 크므로 십만 자리에서 받아내림은 없다. 이때, 세로셈의 십만 자리의 계산에서 □−0=7이고, 천만 자리의 계산에서 9−△=4이다.

즉, □=7, △=5이므로 4장의 숫자 카드 0, 5, 7, 9를 각각 두 번씩 이용하여 만들 수 있는 세 번째로 작은 수는 50057997이다.

따라서 ㉠=0, ㉡=5, ㉢=9이므로 ㉠+㉡+㉢=0+5+9=14이다.

8

정답 88356

해설 1, 3, 5, 7, 9의 숫자 카드가 각각 2장씩 있으므로 총 10장의 숫자 카드를 이용하여 다섯 자리 수를 만든다.

먼저 작은 수부터 차례로 나열하면 다음과 같다.

(i) 1133□인 경우: 11335, 11337, 11339의 3가지

(ii) 1135□인 경우: 11353, 11355, 11357, 11359의 4가지

(iii) 1137□인 경우: 11373, 11375, 11377, 11379의 4가지

이다. 즉, 10번째로 작은 수는 11377이다.

마찬가지 방법으로 큰 수부터 차례로 나열하면 다음과 같다.

(iv) 9977□인 경우: 99775, 99773, 99771의 3가지

(v) 9975□인 경우: 99757, 99755, 99753, 99751의 4가지

(vi) 9973□인 경우: 99737, 99735, 99733, 99731의 4가지

이다. 즉, 10번째로 큰 수는 99733이다.

따라서 10번째로 작은 수와 10번째로 큰 수의 차는

$99733-11377=88356$이다.

영재교육원 대비

1

정답 (1) 480 g
(2) 축구공의 무게: 450 g, 동화책의 무게: 150 g
(3) 90000원

해설 (1) 1 kg=1000 g이다.
조건 ①에서 (문구 세트의 무게)+(동화책의 무게)+(축구공의 무게)=1080 (g)이고,
조건 ②에서 (문구 세트의 무게)+120=(동화책의 무게)+(축구공의 무게)이다.
이때, (문구 세트의 무게)+(문구 세트의 무게)+120=1080 (g)에서
(문구 세트의 무게)+(문구 세트의 무게)=960 (g)이므로 문구 세트의 무게는
960÷2=480 (g)이다.
(2) 문구 세트의 무게가 480 g이므로 480+(동화책의 무게)+(축구공의 무게)=1080 (g)
에서 (동화책의 무게)+(축구공의 무게)=1080−480=600 (g)이다.
조건 ③에서 축구공의 무게가 동화책의 무게보다 3배 무거우므로
(동화책의 무게)+3×(동화책의 무게)=600 (g)에서 동화책의 무게는
600÷4=150 (g)이다.
따라서 축구공은 450 g, 동화책은 150 g이다.
(3) 1개의 무게가 480 g인 문구 세트 6개의 무게는 480×6=2880 (g)이고,
2880 g=2 kg 880 g이므로 문구 세트 6개를 보내는 데 드는 국제 우편요금은 34500원
이다.
1권의 무게가 150 g인 동화책 12권의 무게는 150×12=1800 (g)이고,
1800 g=1 kg 800 g이므로 동화책 12권을 보내는 데 드는 국제 우편요금은 29500원
이다.
1개의 무게가 450 g인 축구공 3개의 무게는 450×3=1350 (g)이고,
1350 g=1 kg 350 g이므로 축구공 3개를 보내는 데 드는 국제 우편요금은 26000원이다.
따라서 필요한 요금은 모두 34500+29500+26000=90000(원)이다.

2

정답 (1) 100번
(2) 164개
(3) 49개

해설 (1) 두 자리 수의 번호를 만들어 붙이기 위해서는 스티커 2개가 필요하다. 스티커 142개를 사용했으므로 142÷2=71에서 71개의 번호를 더 만들어 붙였다. 28번 이후에 71개의 번호를 더 만들어 붙였으므로 99번까지 붙였다. 따라서 다음에 붙일 번호는 100번이다.
(2) 경우를 나누어 각각의 경우에 따라 필요한 숫자 5의 스티커의 개수를 구한다.
(i) 392번에서 399번까지
395의 1개가 필요하다.

(ⅱ) 400번부터 499번까지

일의 자리 수에 10개, 십의 자리 수에 10개가 필요하므로 모두 20개 필요하다.

(ⅲ) 500번부터 599번까지

일의 자리 수에 10개, 십의 자리 수에 10개, 백의 자리 수에 100개가 필요하므로 모두 120개가 필요하다.

(ⅳ) 600번부터 699번까지

(ⅱ)와 마찬가지로 20개가 필요하다.

(ⅴ) 700번부터 728번까지

705, 715, 725의 3개가 필요하다.

(ⅰ)~(ⅴ)에서 남은 번호를 모두 붙일 때 필요한 숫자 5의 스티커의 개수는

$1+20+120+20+3=164$(개)이다.

(3) 450번부터 459번까지는 십의 자리에서 숫자 5가 반드시 사용되므로 10개이다.

또, 500번부터 526번까지는 백의 자리에서 숫자 5가 반드시 사용되므로 27개이다.

430번부터 499번까지 십의 자리 수가 5가 아닌 번호 중에서 일의 자리 수가 2와 5인 번호는 432, 435, 442, 445, 462, 465, 472, 475, 482, 485, 492, 495의 12개이다.

따라서 반려동물을 위한 발명품의 개수는 $10+27+12=49$(개)이다.

다른 풀이

(ⅰ) 숫자 2가 포함된 번호

430번부터 499번까지 숫자 2는 일의 자리 수에만 들어갈 수 있으므로 432, 442, 452, 462, 472, 482, 492의 7개이다.

500번부터 526번까지 숫자 2는 502, 512, 520, 521, 522, 523, 525, 525, 526의 9개이다.

즉, 숫자 2가 포함된 번호는 16개이다.

(ⅱ) 숫자 5가 포함된 번호

430번부터 499번까지 435, 445, 450~459, 465, 475, 485, 495의 16개이고,

500번부터 526번까지 500~526의 27개이다.

즉, 숫자 5가 포함된 번호는 43개이다.

(ⅲ) 숫자 2와 5가 모두 포함된 번호

430번부터 499번까지 숫자 2와 5가 모두 포함된 것은 452뿐이므로 1개이다.

500번부터 526까지 숫자 2와 5가 모두 포함된 것은 502, 512, 520, 521, 522, 523, 524, 525, 526의 9개이다.

즉, 숫자 2와 5가 모두 포함된 번호는 10개이다.

(ⅰ)~(ⅲ)에서 반려동물을 위한 발명품의 개수는 $16+43-10=49$(개)이다.

3

정답 (1)

방법 ❶	2030년 $\frac{91}{365}$일
방법 ❷	2030년 $\frac{4}{12}$월 $\frac{1}{30}$일

(2) 181가지

(3) $\frac{1133}{365}$

해설 (1) 방법 ❶을 이용하여 나타내어 보자.

4월 1일은 365일로 나타내면 1월은 31일, 2월은 28일, 3월은 31일이 있고, 4월에서 1일이 더 있으므로 $31+28+31+1=91$(일)이다.

따라서 2030년 $\frac{91}{365}$일로 나타낼 수 있다.

방법 ❷를 이용하여 나타내어 보자.

4월은 30일까지 있으므로 2030년 $\frac{4}{12}$월 $\frac{1}{30}$일로 나타낼 수 있다.

(2) $\frac{■}{12}$월에서 ■는 짝수이므로 2월, 4월, 6월, 8월, 10월, 12월을 의미한다.

이때, 2월은 28일, 4월과 6월은 30일, 8월과 10월, 12월은 31일까지 있으므로 모두 더하면 $28+30+30+31+31+31=181$(일)이다.

따라서 2030년 $\frac{■}{12}$월 $\frac{△}{★}$일을 방법 ❶을 이용하여 나타낼 때 가능한 방법은 모두 181가지이다.

(3) 방법 ❷로 나타낸 2030년 $\frac{■}{12}$월 $\frac{■}{★}$일을 방법 ❶로 나타내면 2030년 $\frac{□}{365}$일이라고 하자. 2030년 $\frac{■}{12}$월 $\frac{■}{★}$일에서 ■은 짝수이고 ■은 같은 수를 나타내므로 $\frac{■}{12}$월 $\frac{■}{★}$일로 가능한 날짜는 2월 2일, 4월 4일, 6월 6일, 8월 8일, 10월 10일, 12월 12일의 6가지이다.
이 날짜를 방법 ❶을 이용하여 분수로 나타낸 후 모두 더하면 된다.
2월 2일은 1월까지 일수에 2를 더하여 나타내고, 4월 4일은 3월까지 일수에 4를 더하여 나타내며, 6월 6일은 5월까지 일수에 6을 더하여 나타낸다.
이것을 표로 정리하여 나타내면 다음과 같다.

	1월	2월	3월	4월	5월	6월	7월	8월	9월	10월	11월	12월	□
2월 2일	31												+2
4월 4일	31	28	31										+4
6월 6일	31	28	31	30	31								+6
8월 8일	31	28	31	30	31	30	31						+8
10월 10일	31	28	31	30	31	30	31	31	30				+10
12월 12일	31	28	31	30	31	30	31	31	30	31	30		+12

즉, 2월 2일은 $31+2=33$에서 $\frac{33}{365}$일, 4월 4일은 $31+28+31+4=94$에서 $\frac{94}{365}$일로 나타낼 수 있다. 이와 같이 가능한 분수의 분자를 구하여 모두 더하면
$31\times21+30\times10+28\times5+(2+4+6+8+10+12)=651+300+140+42=1133$
이다.
따라서 방법 ❶로 나타낼 때 연도를 제외한 분수 부분에서 가능한 분수를 모두 더한 값은 $\frac{1133}{365}$이다.

4

정답 (1) $11\frac{3}{7}$

(2) ㄱ: $3\frac{3}{7}$, ㄴ: $\frac{2}{7}$, ㄷ: $2\frac{5}{7}$

(3) 16개

해설 (1) 1개의 원 안에 있는 분수의 합이 10이 되어야 하므로 ㄱ$+4\frac{2}{7}=10$, ㄴ$+4\frac{2}{7}=10$을 만족해야 한다. 즉, ㄱ$=10-4\frac{2}{7}=5\frac{5}{7}$이고, ㄴ$=10-4\frac{2}{7}=5\frac{5}{7}$이다.

따라서 ㄱ과 ㄴ의 합은 $5\frac{5}{7}+5\frac{5}{7}=11\frac{3}{7}$이다.

(2) 1개의 원 안에 있는 분수의 합이 10이 되어야 하므로 ㄱ$+$ㄴ$+5\frac{1}{7}+1\frac{1}{7}=10$,

ㄱ$+$ㄷ$+2\frac{5}{7}+1\frac{1}{7}=10$, ㄴ$+$ㄷ$+5\frac{6}{7}+1\frac{1}{7}=10$을 만족해야 한다.

즉, ㄱ$+$ㄴ$=10-6\frac{2}{7}=3\frac{5}{7}$, ㄱ$+$ㄷ$=10-3\frac{6}{7}=6\frac{1}{7}$, ㄴ$+$ㄷ$=10-6\frac{7}{7}=3$이다.

위의 세 식을 모두 더하면 ㄱ$+$ㄴ$+$ㄱ$+$ㄷ$+$ㄴ$+$ㄷ$=3\frac{5}{7}+6\frac{1}{7}+3=12\frac{6}{7}$이므로

$2\times($ㄱ$+$ㄴ$+$ㄷ$)=12\frac{6}{7}$에서 ㄱ$+$ㄴ$+$ㄷ$=6\frac{3}{7}$이다.

한편, ㄱ$+$ㄴ$=3\frac{5}{7}$, ㄱ$+$ㄷ$=6\frac{1}{7}$, ㄴ$+$ㄷ$=3$이므로 ㄱ$=6\frac{3}{7}-3=3\frac{3}{7}$,

ㄴ$=6\frac{3}{7}-6\frac{1}{7}=\frac{2}{7}$, ㄷ$=6\frac{3}{7}-3\frac{5}{7}=2\frac{5}{7}$이다.

(3) 1개의 원 안에 있는 분수의 합이 10이 되어야 하므로 ㄱ$+$ㄴ$+\frac{40}{7}+\frac{13}{7}=10$,

ㄱ$+$ㄷ$+$ㄹ$+\frac{11}{7}+\frac{13}{7}+\frac{9}{7}=10$, ㄴ$+$ㄷ$+$ㅁ$+\frac{13}{7}+\frac{9}{7}+\frac{8}{7}=10$,

ㄹ$+$ㅁ$+\frac{9}{7}+\frac{41}{7}=10$을 만족해야 한다.

즉, ㄱ$+$ㄴ$=\frac{17}{7}$, ㄱ$+$ㄷ$+$ㄹ$=\frac{37}{7}$, ㄴ$+$ㄷ$+$ㅁ$=\frac{40}{7}$, ㄹ$+$ㅁ$=\frac{20}{7}$이다.

이때, ㄱ+ㄷ+ㄹ+ㄴ+ㄷ+ㅁ=$\frac{77}{7}$이고, ㄱ+ㄴ+ㄹ+ㅁ=$\frac{37}{7}$이므로

ㄷ+ㄷ=$\frac{77}{7}-\frac{37}{7}=\frac{40}{7}$, 즉 ㄷ=$\frac{20}{7}$이다.

따라서 ㄱ+ㄴ=$\frac{17}{7}$, ㄹ+ㅁ=$\frac{20}{7}$이고, ㄱ+ㄹ=$\frac{17}{7}$, ㄴ+ㅁ=$\frac{20}{7}$이다.

ㄱ+ㄴ=ㄱ+ㄹ, ㄹ+ㅁ=ㄴ+ㅁ이므로 ㄴ=ㄹ이다.

ㄴ=ㄹ에서 ㄹ+ㅁ=ㄴ+ㅁ=$\frac{20}{7}$이고, ㄱ+ㄴ=$\frac{17}{7}$이므로 ㅁ−ㄱ=$\frac{3}{7}$이다.

즉, 가능한 (ㄱ, ㄴ, ㄷ, ㄹ, ㅁ)은 ㄱ과 ㅁ에 따라 결정된다.

한편, ㄴ은 0이 아닌 분수이므로 ㄱ+ㄴ=$\frac{17}{7}$에서 ㄱ으로 가능한 값은 분모가 7인 분수 $\frac{1}{7}$부터 $\frac{16}{7}$까지이고, ㄴ+ㅁ=$\frac{20}{7}$에서 ㅁ으로 가능한 값은 분모가 7인 분수 $\frac{1}{7}$부터 $\frac{19}{7}$까지이다. ㅁ−ㄱ=$\frac{3}{7}$이므로 가능한 (ㄱ, ㅁ)을 구하면

$\left(\frac{1}{7}, \frac{4}{7}\right), \left(\frac{2}{7}, \frac{5}{7}\right), \left(\frac{3}{7}, \frac{6}{7}\right), \cdots, \left(\frac{16}{7}, \frac{19}{7}\right)$로 모두 16개이다.

따라서 ㄱ과 ㅁ의 값에 따라 ㄴ과 ㄹ의 값은 결정되고 ㄷ=$\frac{20}{7}$이므로

가능한 (ㄱ, ㄴ, ㄷ, ㄹ, ㅁ)은 16개이다.

5

정답 (1) 5444

(2) 11개

해설 (1) 네 자리 자연수를 ABCD라 하고 천의 자리 수인 A를 □라 할 때, 주어진 조건에 맞게 A, B, C, D를 구하여 표로 나타내면 다음과 같다.

A	B	C	D
□	2×□+3	2×□+5	2×□+6
			2×□+4
		2×□+1	2×□+2
			2×□
	2×□−3	2×□−1	2×□
			2×□−2
		2×□−5	2×□−4
			2×□−6

이 중 백의 자리 수와 일의 자리 수의 차가 3인 경우는 아래와 같다.

(i)

A	B	C	D
□	2×□+3	2×□+5	2×□+6

□=1부터 순서대로 넣어 네 자리 자연수를 구한다.

□=1일 때, 1578

(ii)

A	B	C	D
□	2×□+3	2×□+1	2×□

□=1부터 순서대로 넣어 네 자리 자연수를 구한다.

□=1일 때, 1532

□=2일 때, 2754

□=3일 때, 3976

(iii)

A	B	C	D
□	2×□−3	2×□−1	2×□

□=1일 때 성립하는 B가 없으므로 □=2부터 순서대로 넣어 네 자리 자연수를 구한다.

□=2일 때, 2134

□=3일 때, 3356

□=4일 때, 4578

(iv)

A	B	C	D
□	2×□−3	2×□−5	2×□−6

□=1, □=2일 때 성립하는 B가 없으므로 □=3부터 순서대로 넣어 네 자리 자연수를 구한다.

□=3일 때, 3310

□=4일 때, 4532

□=5일 때, 5754

□=6일 때, 6976

(i)~(iv)에서 조건을 만족하는 네 자리 자연수는 1532, 1578, 2134, 2754, 3310, 3356, 3976, 4532, 4578, 5754, 6976이다.

따라서 가장 큰 수는 6976이고 가장 작은 수는 1532이므로 두 수의 차는

6976−1532=5444이다.

(2) 여섯 자리 자연수를 ABCDEF라 하고 십만의 자리 수인 A를 □라 할 때, 주어진 조건에 맞게 A, B, C, D, E, F를 구하여 표로 나타내면 다음과 같다.

A	B	C	D	E	F
□	□+2	□+5	□+7	□+8	□+11(×)
					□+5
				□+6	□+9
					□+3
			□+3	□+4	□+7
					□+1
				□+2	□+5
					□−1
		□−1	□+1	□+2	□+5
					□−1
				□	□+3
					□−3
			□−3	□−2	□+1
					□−5
				□−4	□−1
					□−7

이 중 십만의 자리 수와 십의 자리 수가 같은 경우는 아래와 같다.

(i)

A	B	C	D	E	F
□	□+2	□−1	□+1	□	□+3

□=1부터 순서대로 넣어 여섯 자리 자연수를 구한다.

□=1일 때, 130214

□=2일 때, 241325

□=3일 때, 352436

□=4일 때, 463547

□=5일 때, 574658

□=6일 때, 685769

(ii)

A	B	C	D	E	F
□	□+2	□−1	□+1	□	□−3

□=1부터 순서대로 넣어 여섯 자리 자연수를 구한다.

□=3일 때, 352430

□=4일 때, 463541

□=5일 때, 574652

□=6일 때, 685763

□=7일 때, 796874

(i), (ii)에서 조건에 맞는 여섯 자리 자연수는 130214, 241325, 352430, 352436, 463541, 463547, 574652, 574658, 685763, 685769, 796874이므로 모두 11개이다.

6

정답 (1) 6개

(2) $7\frac{2}{4}$ $\left(\text{또는 } \frac{30}{4}, \frac{15}{2}, 7\frac{1}{2}\right)$

(3) 49.5

해설 (1) **그림 2**에서 만나는 점은 다음과 같이 3+2+1=6(개)이다.

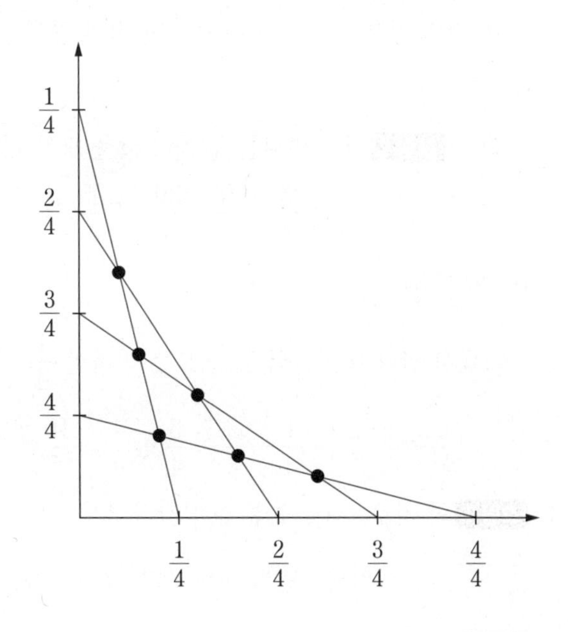

(2) **그림 2** 에서 만나는 점들의 번호를 다음과 같이 붙인 후, 각각의 점들의 값을 구해 보자.

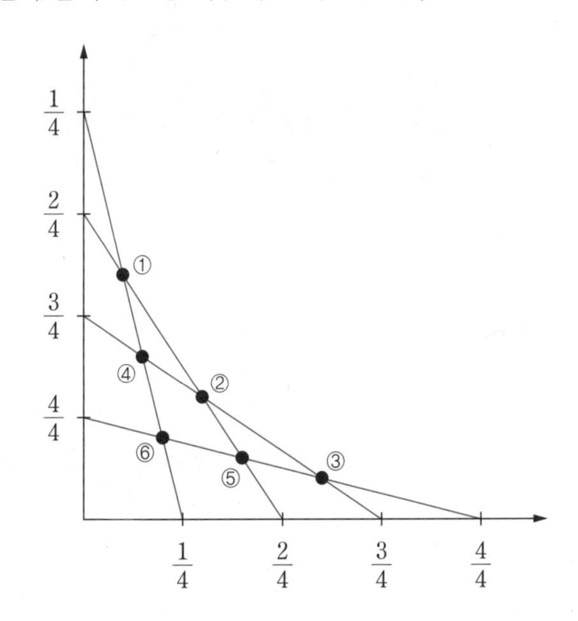

①번 점의 값은 $\frac{1}{4}+\frac{2}{4}=\frac{3}{4}$, ②번 점의 값은 $\frac{2}{4}+\frac{3}{4}=\frac{5}{4}$,

③번 점의 값은 $\frac{3}{4}+\frac{4}{4}=\frac{7}{4}$, ④번 점의 값은 $\frac{1}{4}+\frac{3}{4}=\frac{4}{4}$,

⑤번 점의 값은 $\frac{2}{4}+\frac{4}{4}=\frac{6}{4}$, ⑥번 점의 값은 $\frac{1}{4}+\frac{4}{4}=\frac{5}{4}$

이다. … (*)

따라서 **그림 2** 에서 만나는 점들의 값을 모두 더하면

$\frac{3}{4}+\frac{5}{4}+\frac{7}{4}+\frac{4}{4}+\frac{6}{4}+\frac{5}{4}=\frac{30}{4}=7\frac{2}{4}$이다.

다른 풀이

(*)에서 만나는 점들의 값을 모두 더하면 $\frac{1}{4}$, $\frac{2}{4}$, $\frac{3}{4}$, $\frac{4}{4}$가 각각 세 번씩 더해진다.

따라서 구하는 값은 $\frac{1}{4}+\frac{2}{4}+\frac{3}{4}+\frac{4}{4}=\frac{10}{4}$에서 $\frac{10}{4}\times3=\frac{30}{4}=7\frac{2}{4}$이다.

(3) **그림 1** 의 가로, 세로에 분수가 각각 3개씩 있을 때 만나는 점들의 값을 모두 더한 값은 $\frac{1}{3}$, $\frac{2}{3}$, $\frac{3}{3}$을 각각 2번씩 더한 값과 같다.

그림 2 의 가로, 세로에 분수가 각각 4개씩 있을 때 만나는 점들의 값을 모두 더한 값은 $\frac{1}{4}$, $\frac{2}{4}$, $\frac{3}{4}$, $\frac{4}{4}$를 각각 3번씩 더한 값과 같다.

같은 방법으로 **그림 3** 에서 가로, 세로에 분수가 각각 10개씩 있을 때 만나는 점들의 값을 모두 더한 값은 $\frac{1}{10}$, $\frac{2}{10}$, $\frac{3}{10}$, …, $\frac{10}{10}$을 각각 9번씩 더한 값과 같다.

즉, $9\times\left(\frac{1}{10}+\frac{2}{10}+\frac{3}{10}+\cdots+\frac{10}{10}\right)=9\times\frac{55}{10}=\frac{495}{10}$이다.

이것을 소수로 나타내면 49.5이다.

7

정답 (1) 2열: 73, 37 / 3열: 7, 61, 43

(2) 가=29, 나=71

해설 2열의 소수의 합이 111이므로 7ⓑ+ⓢ7=110이다.

이때 십의 자리 수가 7인 두 자리 소수는 71, 73, 79이고, 이때 합이 110이 되려면 순서대로 39, 37, 31이다. 즉, ⓢ7은 37이다.

따라서 2열의 소수를 순서대로 나열하면 73, 37이다.

또, 오른쪽 위에서 아래로 대각선(1행 3열, 2행 2열, 3행 1열)에서 ⓞ+37+ⓜ7=111이므로 ⓞ+ⓜ7=74이다. 이때, ⓞ은 한 자리 소수이므로 이를 만족하는 소수는 7이고, 일의 자리 수가 7인 두 자리 수소는 67이다. 즉, ⓞ은 7이고, ⓜ7은 67이다.

3행에서 67+1+ⓣⓟ=111이므로 ⓣⓟ=43이다.

3열에서 7+ⓒⓚ+43=111이므로 ⓒⓚ=61이다.

따라서 3열의 소수를 순서대로 나열하면 7, 61, 43이다.

31	73	7
13	37	61
67	1	43

다른 풀이

(1) 2열의 소수의 합이 111이고 ⓑ, ⓢ을 제외하고 주어진 수를 모두 더하여 빼면 111−(70+7+1)=33이다. ⓑ+ⓢ×10=33이므로 십의 자리 수 ⓢ은 3, 일의 자리 수 ⓑ은 3이 된다.

따라서 2열의 소수를 순서대로 나열하면 73, 37이다.

오른쪽 위에서 아래로 대각선(1행 3열, 2행 2열, 3행 1열)의 소수의 합이 111이므로 ⓞ+37+ⓜ7=111에서 111−(37+7)=67이다. ⓜ×10+ⓞ=67이므로 십의 자리 수 ⓜ은 6, 일의 자리 수 ⓞ은 7이 된다.

3행의 소수의 합이 111이므로 67+1+ⓣⓟ=111에서 ⓣⓟ=111−68=43, 즉 ⓣ=4, ⓟ=3이다.

3열의 소수의 합이 111이므로 7+ⓒⓚ+43=111에서 ⓒⓚ=111−50=61, 즉 ⓒ=6, ⓚ=1이다.

따라서 3열의 소수를 순서대로 나열하면 7, 61, 43이다.

(2)

■	113	●
89		가
나		101

1행의 세 소수의 합이 177이므로 177−113=64에서 1행의 나머지 두 소수는 합이 64가 되는 소수이다. 3+61=64, 5+59=64, 11+53=64, 17+47=64, 23+41=64이므로 ■에 올 수 있는 소수는 3, 5, 11, 17, 23, 41, 47, 53, 59, 61이다.

왼쪽 위에서 아래로 대각선의 세 소수의 합이 177이므로 177−101=76에서 대각선의 나머지 두 소수는 합이 76이 되는 소수이다. 3+73=76, 5+71=76, 17+59=76, 23+53=76, 29+47=76이므로 ■에 올 수 있는 소수는 3, 5, 17, 23, 29, 47, 53, 59, 71, 73이다.
1열의 세 소수의 합이 177이므로 177−89=88에서 1열의 나머지 두 소수는 합이 88이 되는 소수이다. 5+83=88, 17+71=88, 29+59=88, 41+47=88이므로 ■에 올 수 있는 소수는 5, 17, 29, 41, 47, 59, 71, 83이다.
이때, 위의 결과에서 ■에 올 수 있는 소수는 5, 17, 47, 59이므로 나에 올 수 있는 소수는 83, 71, 41, 29이다. …… (*)
한편, 3행의 세 소수의 합이 177이므로 177−101=76에서 3행의 나머지 두 소수는 합이 76이 되는 소수이고, (*)에 의해 29+47=76, 71+5=76이므로 나에 올 수 있는 소수는 29 또는 71이다.
3열의 세 소수의 합이 177이므로 177−101=76에서 3열의 나머지 두 소수는 합이 76이 되는 소수이고 (*)에 의해 ●에 올 수 있는 소수 역시 83, 71, 41, 29이다.
따라서 29+47=76, 71+5=76이므로 가에 올 수 있는 소수도 29 또는 71이다.
즉, 가=29, 나=71 또는 가=71, 나=29이다.
(i) 가=29, 나=71인 경우

17	113	47
89	59	29
71	5	101

이므로 가로, 세로, 대각선의 합이 모두 177을 만족한다.
(ii) 가=71, 나=29인 경우

59	113	5
89	17	71
29	47	101

가로, 세로의 합이 177이 되도록 나머지 칸을 채웠을 때, 오른쪽 위에서 아래로의 대각선의 합은 5+17+29=51로 만족하지 않는다.
(i), (ii)에서 가=29, 나=71이다.

정답 (1) 0.1#0.1
(2) 0.05#0.2, 0.2#0.05, 0.02#0.5, 0.5#0.02
(3) 72가지

해설 (1) .을 두 번, #을 한 번 눌렀으므로 눌러야 하는 비밀번호는 소수 2개로 이루어진 것을 알 수 있다. 또한, 0과 1이 각각 두 번씩 눌렸으므로 0과 1을 이용하여 소수를 하나씩 만들어야 한다.
따라서 디지털 금고의 비밀번호는 0.1#0.1이다.

(2) .을 두 번, #을 한 번 눌렀으므로 눌러야 하는 비밀번호는 소수 2개로 이루어진 것을 알 수 있다. 2와 5는 각각 한 번씩 사용되었고, 0만으로는 소수를 만들 수 없으므로 2와 5는 각각 다른 소수에 사용되어야 한다. 또, 소수를 만들려면 적어도 두 개 이상의 수가 필요하므로 0이 각각 1번, 2번 사용되었다. 이를 만족하는 소수는 0.05와 0.2 또는 0.02와 0.5이다.
따라서 가능한 디지털 금고의 비밀번호는 0.05#0.2, 0.2#0.05, 0.02#0.5, 0.5#0.02이다.

(3) .을 세 번, #을 두 번 눌렀으므로 눌러야 하는 비밀번호는 소수 3개로 이루어진 것을 알 수 있다. 0만으로는 소수를 만들 수 없고, 소수를 만들려면 적어도 두 개 이상의 수가 필요하다. 버튼 0을 제외하고 생각했을 때, 각 경우를 다음과 같이 나눌 수 있다.

방법	소수 ❶을 만드는 데 사용한 버튼	소수 ❷를 만드는 데 사용한 버튼	소수 ❸을 만드는 데 사용한 버튼
1	3, 3	8	8
2	3, 8	3	8
3	8, 8	3	3

위의 방법에서 버튼 '0'을 누른 횟수로 나누어 소수를 구한다.
(i) 방법 1에서 만들 수 있는 금고의 비밀번호

방법 1	소수 ❶		소수 ❷		소수 ❸	
구분	0을 누른 횟수(번)	만들어지는 소수	0을 누른 횟수(번)	만들어지는 소수	0을 누른 횟수(번)	만들어지는 소수
①	1	0.33	1	0.8	1	0.8
②	1	3.03	1	0.8	1	0.8
③	0	3.3	1	0.8	2	0.08

①의 세 소수 (0.33, 0.8, 0.8)로 만들 수 있는 비밀번호는
0.33#0.8#0.8, 0.8#0.33#0.8, 0.8#0.8#0.33의 3가지
②의 세 소수 (3.03, 0.8, 0.8)로 만들 수 있는 비밀번호는
3.03#0.8#0.8, 0.8#3.03#0.8, 0.8#0.8#3.03의 3가지
③의 세 소수 (3.3, 0.8, 0.08)로 만들 수 있는 비밀번호는
3.3#0.08#0.8, 3.3#0.8#0.08, 0.8#3.3#0.08, 0.08#3.3#0.8, 0.08#0.8#3.3, 0.8#0.08#3.3의 6가지
따라서 방법 1에서 만들 수 있는 금고의 비밀번호는 모두 12가지이다.

(ii) 방법 2에서 만들 수 있는 금고의 비밀번호

방법 2	소수 ❶		소수 ❷		소수 ❸	
구분	0을 누른 횟수(번)	만들어지는 소수	0을 누른 횟수(번)	만들어지는 소수	0을 누른 횟수(번)	만들어지는 소수
①	1	0.38, 0.83	1	0.3	1	0.8
②	1	3.08, 8.03	1	0.3	1	0.8
③	0	3.8, 8.3	2	0.03	1	0.8
④	0	3.8, 8.3	1	0.3	2	0.08

①의 세 소수 (0.38, 0.3, 0.8)로 만들 수 있는 비밀번호는
0.38#0.3#0.8, 0.38#0.8#0.3, 0.3#0.38#0.8, 0.8#0.38#0.3, 0.3#0.8#0.38, 0.8#0.3#0.38의 6가지
마찬가지 방법으로
①의 세 소수 (0.83, 0.3, 0.8)로 만들 수 있는 비밀번호는 6가지
②의 세 소수 (3.08, 0.3, 0.8)로 만들 수 있는 비밀번호는 6가지
②의 세 소수 (8.03, 0.3, 0.8)로 만들 수 있는 비밀번호는 6가지
③의 세 소수 (3.8, 0.03, 0.8)로 만들 수 있는 비밀번호는 6가지
③의 세 소수 (8.3, 0.03, 0.8)로 만들 수 있는 비밀번호는 6가지
④의 세 소수 (3.8, 0.3, 0.08)로 만들 수 있는 비밀번호는 6가지
④의 세 소수 (8.3, 0.3, 0.08)로 만들 수 있는 비밀번호는 6가지
따라서 방법 2에서 만들 수 있는 금고의 비밀번호는 모두 48가지이다.

(iii) 방법 3에서 만들 수 있는 금고의 비밀번호
(i)에서 만들 수 있는 금고의 비밀번호에서 3은 8로, 8은 3으로 바꾸면 되므로 만들 수 있는 비밀번호는 모두 12가지이다.

따라서 가능한 디지털 금고의 비밀번호는 모두 12+48+12=72(가지)이다.

경시대회 대비

1

정답 60 cm

해설 정육각형은 다음과 같이 정삼각형 6개로 나눌 수 있다.

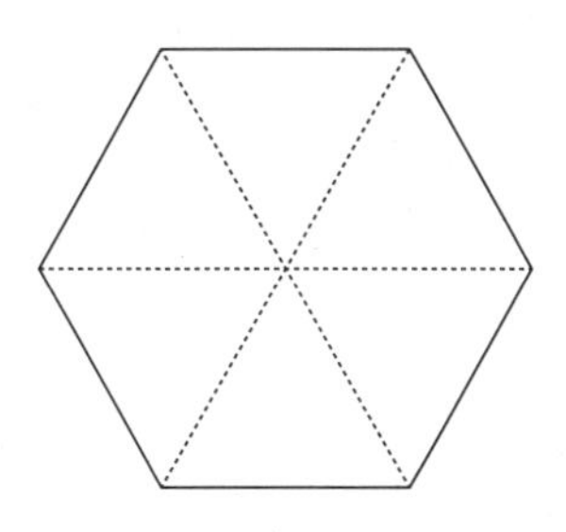

정육각형의 가장 긴 대각선의 길이는 정삼각형의 두 변의 길이를 합한 것과 같으므로 정삼각형의 한 변의 길이는 3 cm이다. 이때, 정삼각형의 한 변의 길이는 정육각형의 한 변의 길이와 같다.

따라서 정육각형 8개를 변끼리 겹쳐지도록 이어 붙인 도형의 둘레의 길이는 정육각형의 한 변의 길이의 20배와 같으므로 $3\times20=60$ (cm)이다.

2

정답 90°, 135°, 180°, 225°

해설 각 모양 조각에서 찾을 수 있는 각도를 모두 나열하면 다음과 같다.

① 직각이등변삼각형에서 찾을 수 있는 각도는 45°, 90°

② 정사각형에서 찾을 수 있는 각도는 90°

③ 평행사변형에서 찾을 수 있는 각도는 45°, 135°

따라서 모양 조각 2개를 맞대어 이어 붙여 만들 수 있는 서로 다른 각도는

$45^\circ+45^\circ=90^\circ$, $45^\circ+90^\circ=135^\circ$, $45^\circ+135^\circ=180^\circ(90^\circ+90^\circ=180^\circ)$, $90^\circ+135^\circ=225^\circ$

이다.

3

정답 6개

해설 한 쌍의 변이 평행인 사각형은 사다리꼴이므로 정삼각형을 이어 붙여 만들 수 있는 사다리꼴 중에서 한 쌍의 변만 평행인 사다리꼴의 개수를 구하면 된다.

가장 작은 정삼각형의 높이를 1이라고 할 때, 사다리꼴의 높이로 경우를 나누어 구한다.

(i) 높이가 1인 사다리꼴

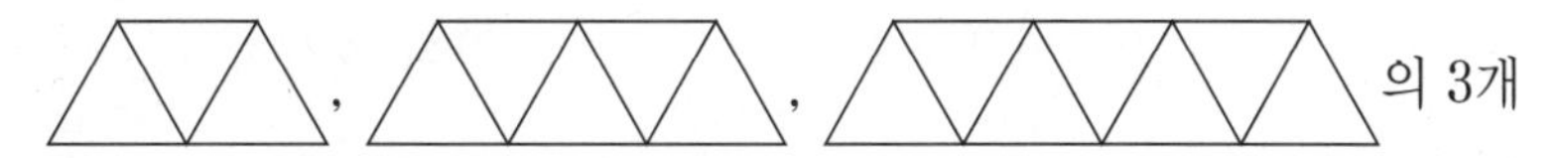

의 3개

(ii) 높이가 2인 사다리꼴

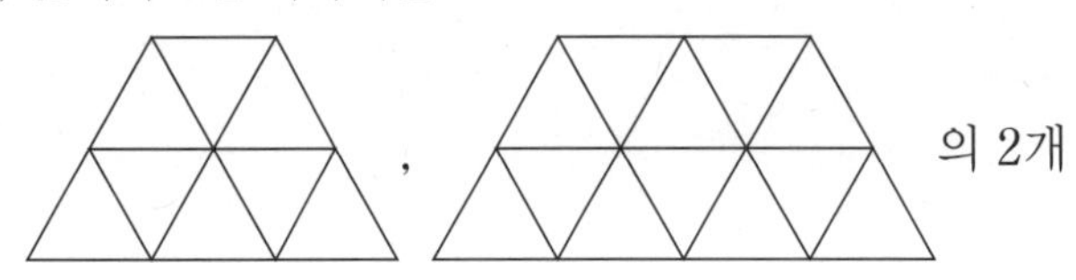

의 2개

(iii) 높이가 3인 사다리꼴

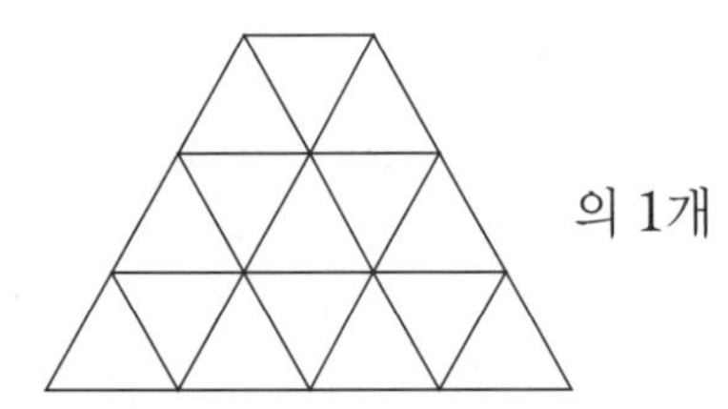

의 1개

(i)~(iii)에서 주어진 도형에서 찾을 수 있는 한 쌍의 변만 평행인 서로 다른 사각형은 모두 $3+2+1=6$(개)이다.

4

정답 11개

해설 주어진 점판에서 만들 수 있는 정사각형을 크기에 따라 분류하여 구한다.

(i) 내부에 점이 없는 경우

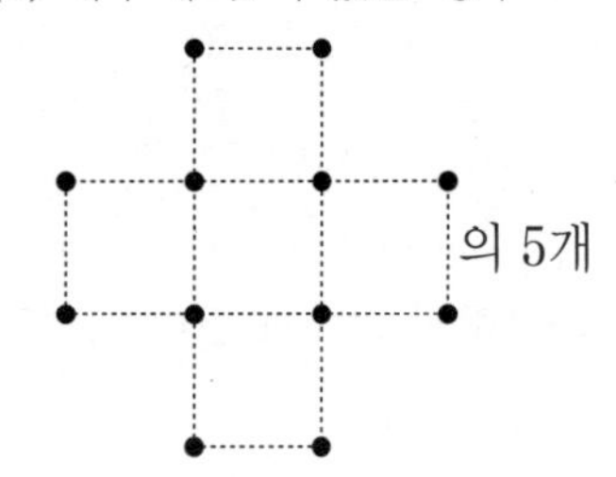

의 5개

(ii) 내부에 점이 한 개 있는 경우

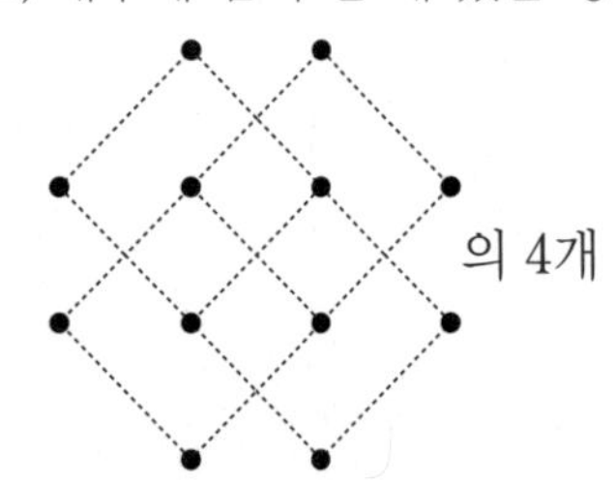

의 4개

(iii) 내부에 점이 네 개 있는 경우

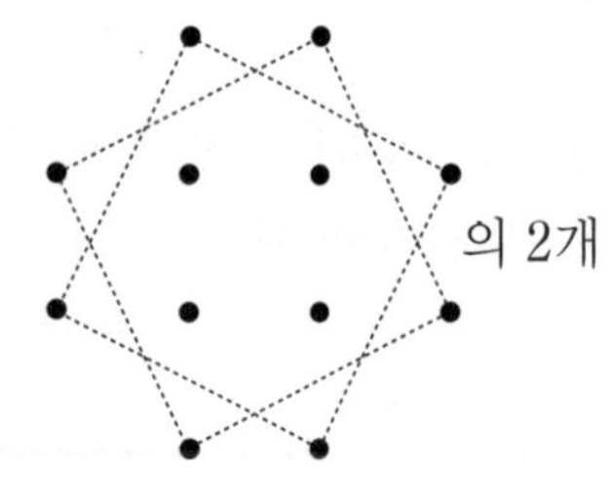

의 2개

(i)~(iii)에서 주어진 점판에서 만들 수 있는 크고 작은 정사각형은 모두 $5+4+2=11$(개)이다.

5

정답 32개

해설 색종이의 접힌 선의 모양을 단계별로 나누어 생각해 본다.

먼저, 1단계, 2단계에서 접힌 선의 모양은 각각 **그림 1**, **그림 2**와 같다.

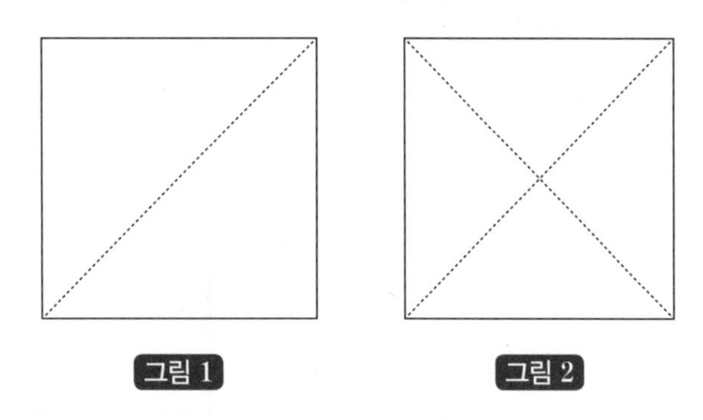

그림 1 그림 2

3단계에서는 접힌 선을 한 면만 먼저 그려 보면 **그림 3**과 같은 모양이 된다. 나머지 세 면도 같은 모양이므로 **그림 4**와 같다.

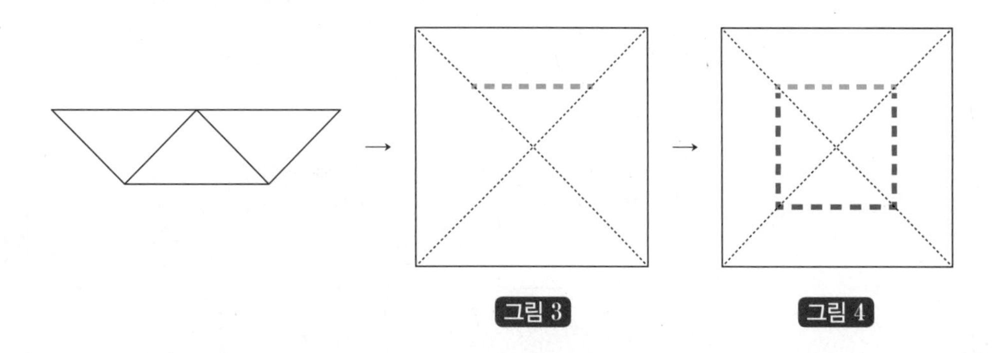

그림 3 그림 4

마지막으로 4단계에서는 3단계의 접힌 종이를 반으로 접었으므로 접힌 선의 모양은 **그림 5**와 같다.

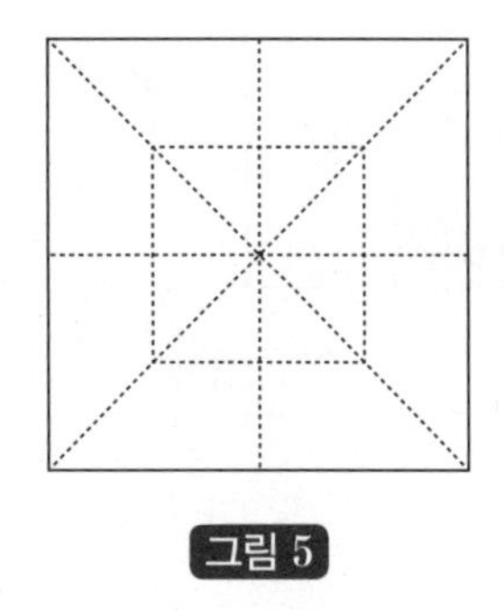

그림 5

이때, 찾을 수 있는 직각삼각형의 모양으로 경우를 나누어 개수를 구하면 다음과 같다.

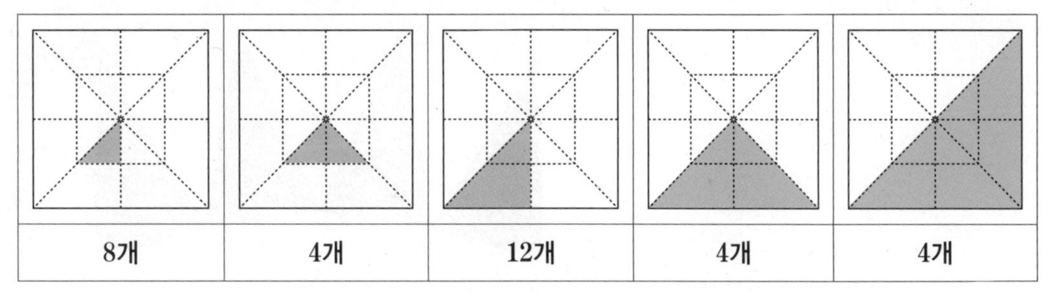

8개	4개	12개	4개	4개

따라서 찾을 수 있는 크고 작은 직각삼각형은 $8+4+12+4+4=32$(개)이다.

6

정답 • 한 변의 길이가 2 cm인 정사각형 1개
• 한 변의 길이가 1 cm인 정사각형 4개
• 한 변의 길이가 1 cm이고, 다른 한 변의 길이가 2 cm인 직사각형 4개

해설 문제의 그림과 같이 정사각형 모양의 색종이를 가로와 세로로 각각 한 번씩 접으면 종이는 총 4겹이 된다. 이때, 색종이의 접힌 부분, 즉 막힌 부분(빨간색)과 색종이의 가장자리, 즉 열린 부분(파란색)으로 나뉘게 된다.

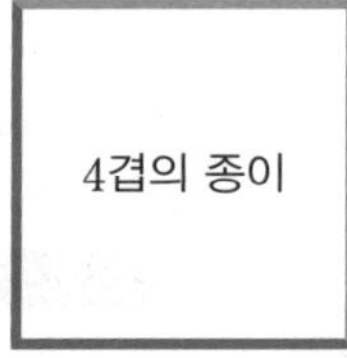

접힌 색종이의 가로와 세로의 가운데 부분을 각각 자르면, 막힌 부분의 색종이는 접혀 있으므로 펼치면 각각 직사각형 4개와 큰 정사각형 1개가 생긴다. 또, 모두 열린 부분에서는 작은 정사각형 4개가 생긴다.

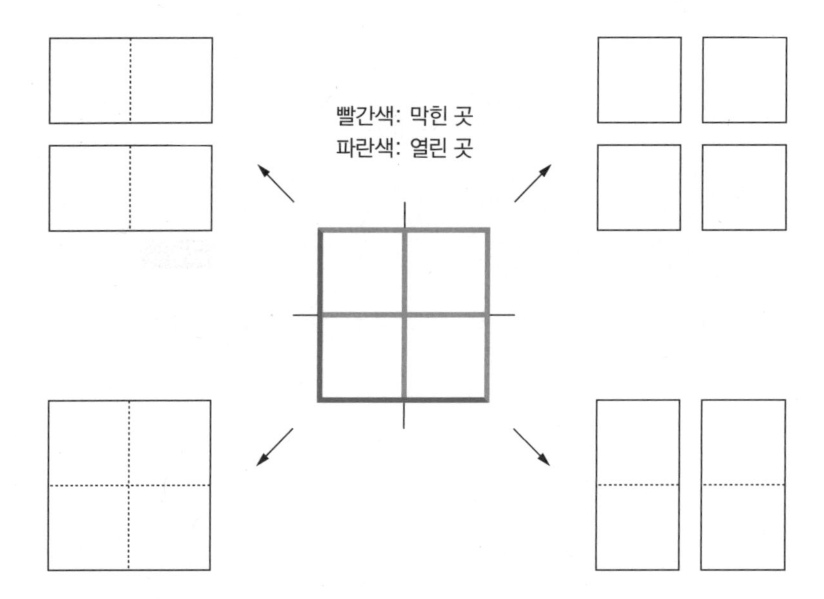

7

정답 정이십각형

해설 다음 그림과 같이 이등변삼각형의 밑각의 크기를 ㉢, ㉣이라고 하자.

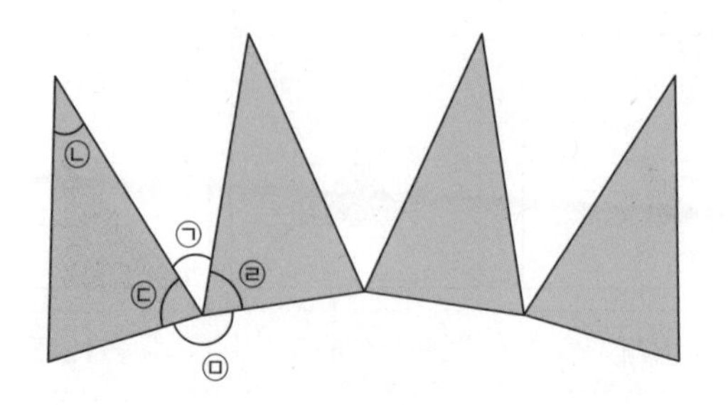

이등변삼각형은 두 밑각의 크기가 서로 같으므로 ㉢=㉣=(180°−㉡)÷2이다.

또, 도형을 한 점에서 만나도록 모았을 때 한 점에서 만나는 각의 크기의 합이 360°이므로 ㉠+㉢+㉣+㉤=360°이다.

이때, ㉠=㉡+18°이고 ㉠+㉢+㉣+㉤=360°에서 ㉡+18°+180°−㉡+㉤=360°이므로 198°+㉤=360°, ㉤=360°−198°=162°이다.

한편, 한 내각의 크기가 162°인 정다각형을 정★각형이라 할 때

$\frac{(★-2)\times 180°}{★}=162°$이므로 ★×180°−360°=★×162°, ★×18°=360°,

★=20이다.

따라서 구하는 정다각형은 정이십각형이다.

8

정답 396 cm

해설

선분 AB의 길이와 선분 EF의 길이의 합은 선분 CD의 길이와 선분 GH의 길이의 합과 같다. 즉, 선분 AB, EF, CD, GH의 길이의 합은 (58+85)×2=286 (cm)이다.

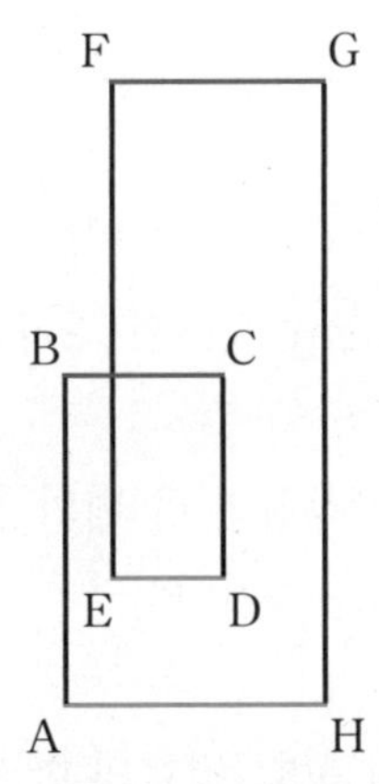

선분 BC의 길이와 선분 FG의 길이의 합은 선분 DE의 길이와 선분 AH의 길이의 합과 같다. 즉, 선분 BC, FG, DE, AH의 길이의 합은 (23+32)×2=110 (cm)이다.

따라서 로봇이 A에서부터 출발하여 길을 따라 한 바퀴 돌고 다시 A로 돌아왔을 때, 로봇이 이동한 거리는 286+110=396 (cm)이다.

영재교육원 대비

1

정답 (1) 9가지
(2) 8가지
(3) 18가지

해설 (1) 이등변삼각형을 만들기 위해 길이가 같은 두 변의 길이를 먼저 정하고, 이등변삼각형의 나머지 한 변의 길이를 정하면 된다. 이때, 삼각형의 두 변의 길이의 합은 나머지 한 변의 길이보다 반드시 길어야 한다.

(ⅰ) 길이가 같은 두 변의 길이가 3 cm일 때
나머지 한 변의 길이는 각각 4 cm, 5 cm로 2가지이다.

(ⅱ) 길이가 같은 두 변의 길이가 4 cm일 때
나머지 한 변의 길이는 각각 3 cm, 5 cm, 7 cm로 3가지이다.
또, 4 cm 막대는 3개이고, 세 변의 길이가 모두 4 cm인 정삼각형도 이등변삼각형이다.
따라서 모두 4가지이다.

(ⅲ) 길이가 같은 두 변의 길이가 5 cm일 때
나머지 한 변의 길이는 각각 3 cm, 4 cm, 7 cm로 3가지이다.

(ⅳ) 길이가 7 cm 막대는 1개뿐이므로 이등변삼각형을 만들 수 없다.

(ⅰ)~(ⅳ)에서 만들 수 있는 이등변삼각형의 종류는 모두 $2+4+3=9$(가지)이다.

(2) 막대 4개를 이용하여 이등변삼각형을 만들기 위해서는 2개의 막대를 이어 붙여 한 변을 만들어야 한다.

(ⅰ) 길이가 3 cm인 막대 2개를 이어 붙일 때
길이가 3 cm인 막대 2개를 이어 붙이면 이등변삼각형의 한 변의 길이는 6 cm이다.
이때, 길이가 같은 나머지 두 변의 길이는 각각 4 cm, 5 cm로 2가지이다.

(ⅱ) 길이가 4 cm인 막대 2개를 이어 붙일 때
길이가 4 cm인 막대 2개를 이어 붙이면 이등변삼각형의 한 변의 길이는 8 cm이다.
이때, 길이가 같은 나머지 두 변의 길이는 5 cm로 1가지이다.

(ⅲ) 길이가 3 cm, 4 cm인 막대 2개를 이어 붙일 때
길이가 3 cm, 4 cm인 막대 2개를 이어 붙이면 이등변삼각형의 한 변의 길이는 7 cm이다. 이때, 2가지 경우로 나누어 생각할 수 있다.
① 이등변삼각형의 길이가 다른 한 변의 길이가 7 cm인 경우
길이가 같은 나머지 두 변의 길이는 각각 4 cm, 5 cm로 2가지이다.
② 이등변삼각형의 길이가 같은 두 변의 길이가 7 cm인 경우
나머지 한 변의 길이는 각각 3 cm, 4 cm, 5 cm로 3가지이다.

(ⅰ)~(ⅲ)에서 만들 수 있는 이등변삼각형의 종류는 모두 $2+1+5=8$(가지)이다.

(3) 막대 5개를 이용하여 이등변삼각형을 만들기 위해서는 2개의 막대를 이어 붙여 2개의 변을 만들어야 한다.

(i) 길이가 같은 두 변의 길이가 7 cm일 때, 두 가지 경우로 나누어 생각할 수 있다.

① 두 변의 길이가 3 cm+4 cm, 3 cm+4 cm일 때
나머지 한 변의 길이는 각각 4 cm, 5 cm, 7 cm로 3가지이다.

② 두 변의 길이가 3 cm+4 cm, 7 cm일 때
나머지 한 변의 길이는 각각 3 cm+4 cm, 3 cm+5 cm, 4 cm+4 cm, 4 cm+5 cm, 5 cm+5 cm로 5가지이다.

①, ②에서 세 변의 길이가 3 cm+4 cm, 3 cm+4 cm, 7 cm는 중복되므로, 만들 수 있는 이등변삼각형은 7가지이다.

(ii) 길이가 같은 두 변의 길이가 8 cm일 때, 두 가지 경우로 나누어 생각할 수 있다.

① 두 변의 길이가 4 cm+4 cm, 3 cm+5 cm일 때.
나머지 한 변의 길이는 각각 3 cm, 4 cm, 5 cm, 7 cm로 4가지이다.

② 두 변의 길이가 3 cm+5 cm, 3 cm+5 cm일 때.
나머지 한 변의 길이는 각각 4 cm, 7 cm로 2가지이다.

①, ②에서 만들 수 있는 이등변삼각형은 6가지이다.

(iii) 길이가 같은 두 변의 길이가 9 cm, 즉 4 cm+5 cm, 4 cm+5 cm일 때
나머지 한 변이 각각 3 cm, 4 cm, 7 cm로 3가지 이다.

(iv) 길이가 같은 두 변의 길이가 10 cm, 즉 5 cm+5 cm, 3 cm+7 cm일 때
나머지 한 변의 길이는 각각 3 cm, 4 cm로 2가지이다.

(i)~(iv)에서 만들 수 있는 이등변삼각형의 종류는 모두 $7+6+3+2=18$(가지)이다.

정답 (1) 4가지
(2) 8가지

해설 (1) 육각형은 6개의 선분으로 둘러싸인 도형이다. **그림 가**에서 찾을 수 있는 육각형의 모양을 이루는 가장 작은 정삼각형의 개수로 구분하면 다음과 같다.

(i) 가장 작은 정삼각형 6개로 이루어진 육각형

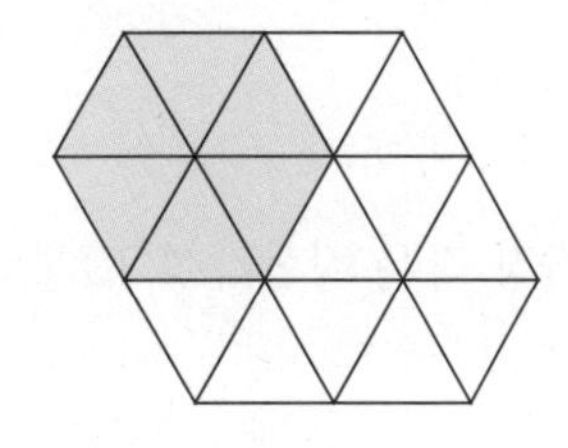

(ii) 가장 작은 정삼각형 10개로 이루어진 육각형

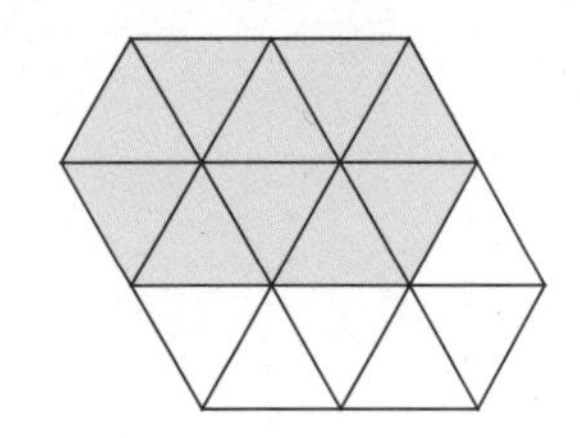

(iii) 가장 작은 정삼각형 13개로 이루어진 육각형

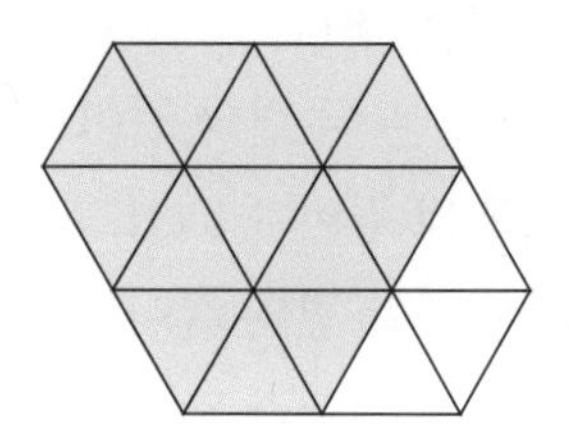

(iv) 가장 작은 정삼각형 16개로 이루어진 육각형

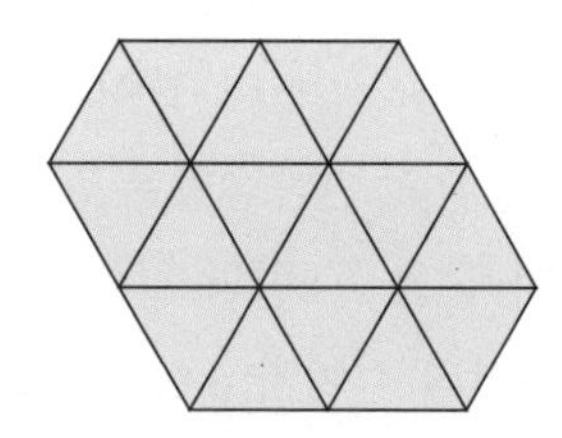

따라서 그림 가 에서 찾을 수 있는 서로 다른 육각형의 모양은 모두 4가지이다.

(2) 그림 나 는 그림 가 를 2개 이어 붙인 도형이므로 그림 나 에서 찾을 수 있는 서로 다른 육각형의 모양을 구하면 다음과 같다.

(i) 그림 가 에서 찾을 수 있는 육각형 4가지

(ii) 그림 가 와 같은 모양의 두 도형을 연결하는 부분에서 찾을 수 있는 육각형

① 가장 작은 정삼각형 14개로 이루어진 육각형

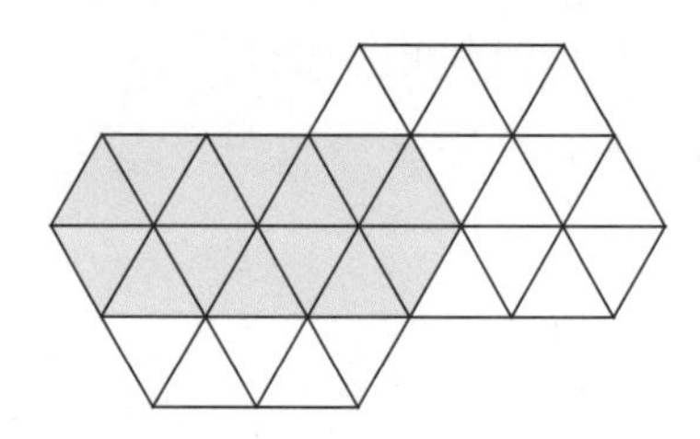

② 가장 작은 정삼각형 18개로 이루어진 육각형

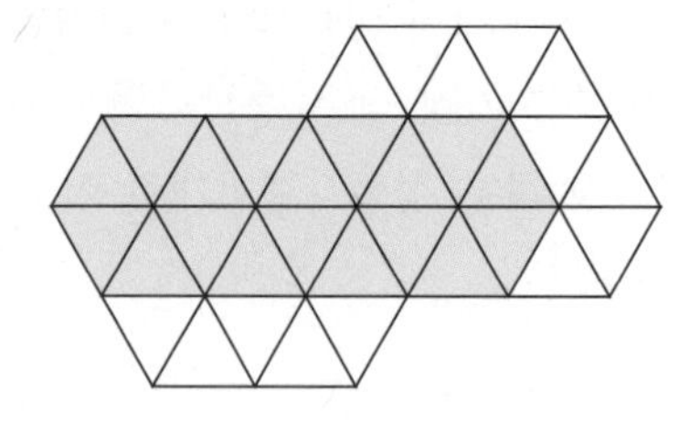

③ 가장 작은 정삼각형 19개로 이루어진 육각형

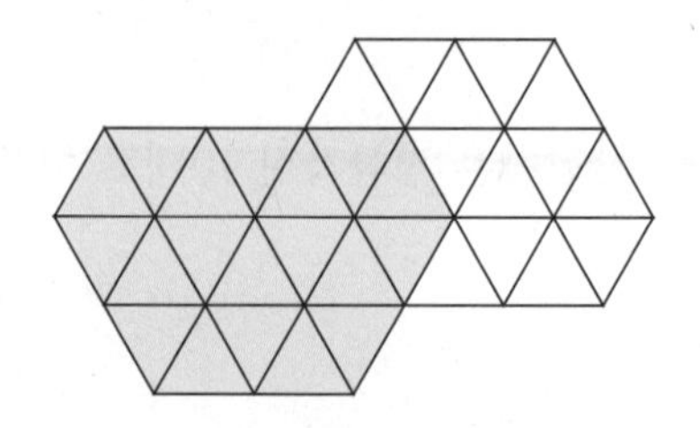

④ 가장 작은 정삼각형 22개로 이루어진 육각형

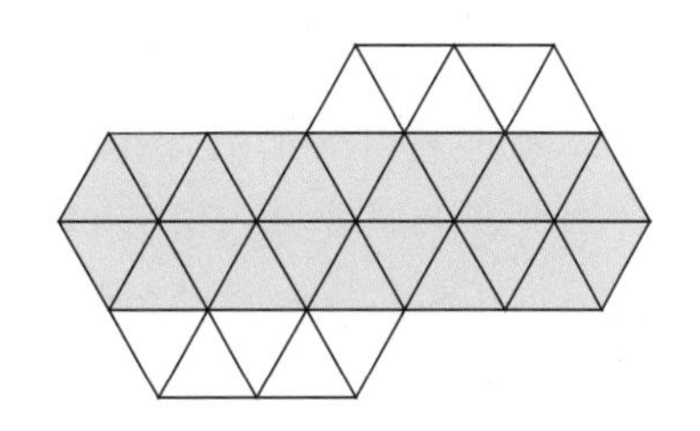

①~④에서 찾을 수 있는 서로 다른 육각형의 모양은 4가지이다.
따라서 **그림 나** 에서 찾을 수 있는 서로 다른 육각형의 모양은 모두 $4+4=8$(가지)이다.

3

정답 (1) 해설 참조
(2) 해설 참조

해설 (1) 가능한 경우는 다음과 같다. 이때, 정사각형과 평행사변형도 마주보는 한 쌍의 변이 평행하므로 사다리꼴이라고 할 수 있다.

(2)

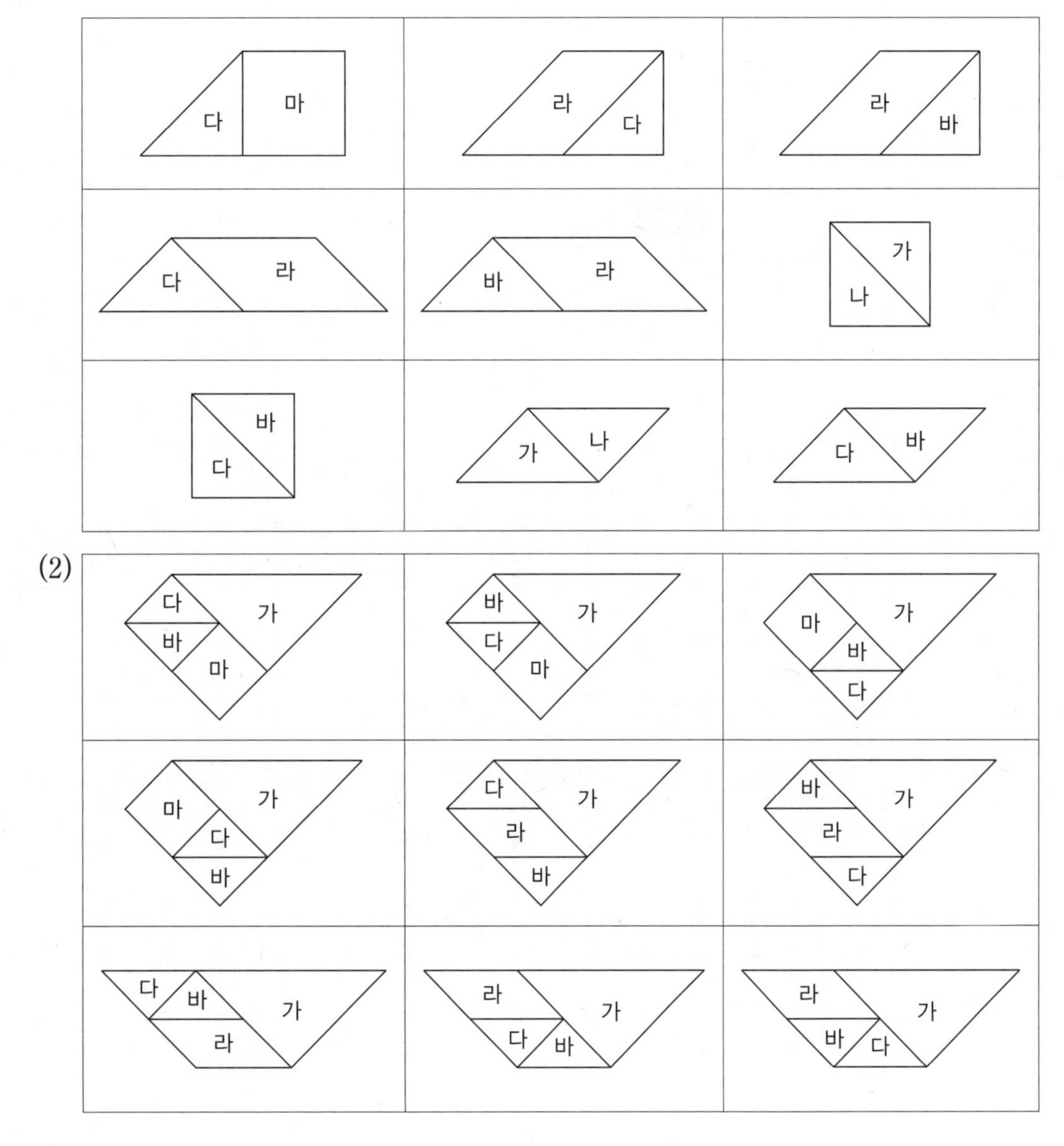

4

정답 (1) 해설 참조, 5개

(2) 해설 참조, 7개

해설 (1) 그린 도형을 돌리거나 뒤집어서 겹쳐지면 같은 도형으로 생각하므로, 직각삼각형은 밑변의 길이와 높이만 결정되면 하나의 직각삼각형으로 정해진다. 내부에 점이 없도록 하는 직각삼각형을 그리면 다음과 같다.

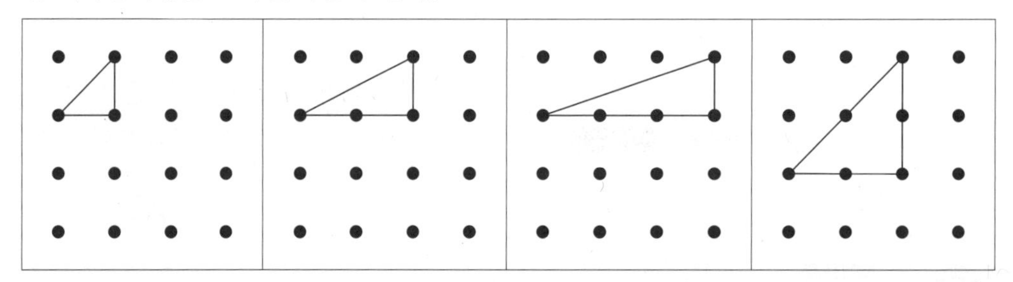

한편, 점판의 점들이 가로와 세로가 같은 간격으로 놓여 있기 때문에 다음과 같은 도형도 직각삼각형이 될 수 있다.

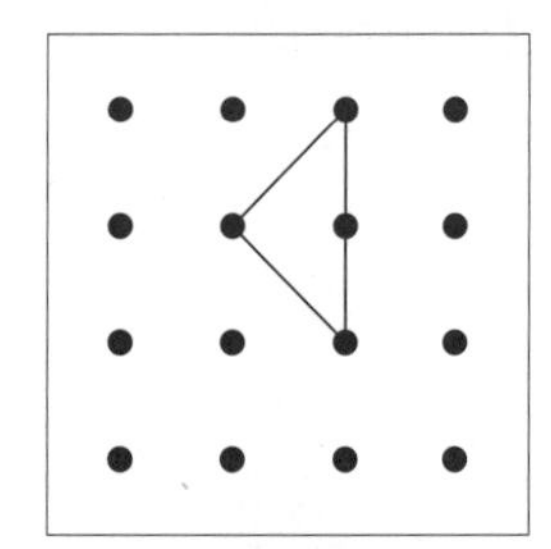

따라서 **그림 2**와 같은 방법으로 그릴 때, 서로 다른 직각삼각형은 모두 $4+1=5$(개)이다.

(2) 마주보는 한 쌍의 변만 평행한 사각형은 사다리꼴 모양이다. 이때, 마주보는 한 쌍의 변만이 평행하므로 직사각형이나 정사각형, 평행사변형은 해당되지 않는다.

그린 도형을 돌리거나 뒤집어서 겹쳐지면 같은 도형으로 생각하므로, 사다리꼴의 밑변의 길이, 윗변의 길이와 높이만 결정되면 하나의 사다리꼴로 정해진다.

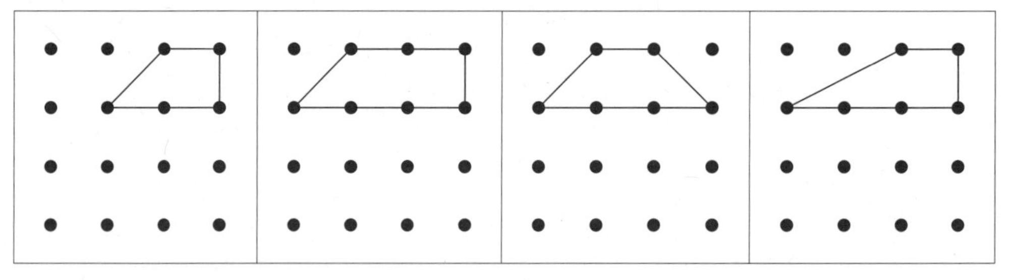

한편, 대각선을 이용해서도 서로 다른 사다리꼴을 만들 수 있다.

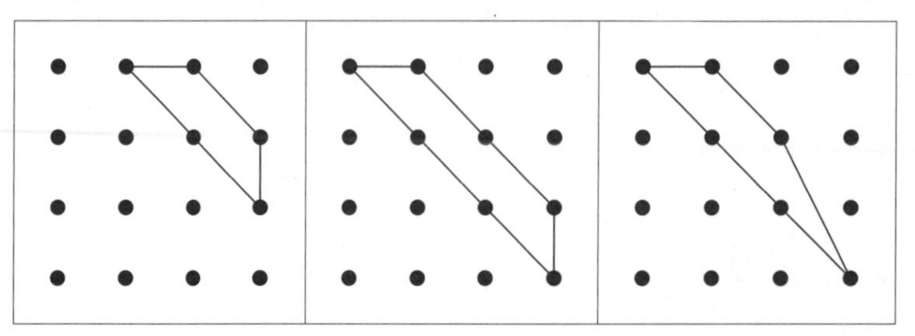

따라서 **그림 2** 와 같은 방법으로 그릴 때, 마주보는 한 쌍의 변만 평행한 사각형은 모두 $4+3=7$(개)이다.

5

정답 (1)

(2) 시작 ☞ ▶ ☞ (∠315) ☞ ▶ ☞ (∠270) ☞ ▶ ☞ (∠315) ☞ ▶ ☞ (∠225) ☞ (⦿ ▶) ☞ ∠90 ☞ (◎ ▶)

해설 (1) 각각의 명령을 순서대로 적용해 보면 다음과 같이 나타낼 수 있다.

(i) ▶ ☞ ∠270은 다음 점을 만날 때까지 앞으로 이동한 후, 다음 점을 만나면 그 점에서 시계 방향으로 270° 회전한다.

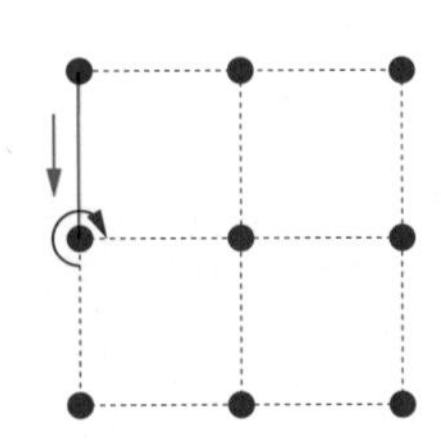

(ii) ⦿ ▶는 다음 점을 만날 때까지 점점 선이 굵어지며 앞으로 이동한다.

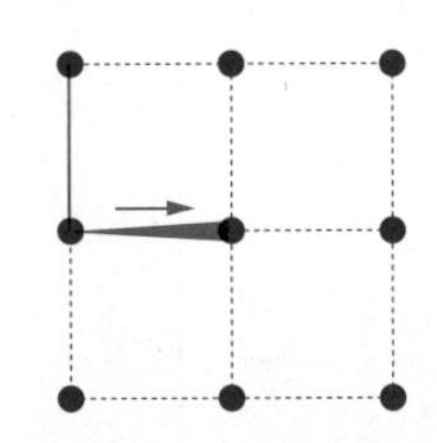

(iii) ∠135 ☞ ◎ ▶는 시계 방향으로 135° 회전한 후 다음 점을 만날 때까지 선이 점점 가늘어지며 앞으로 이동한다.

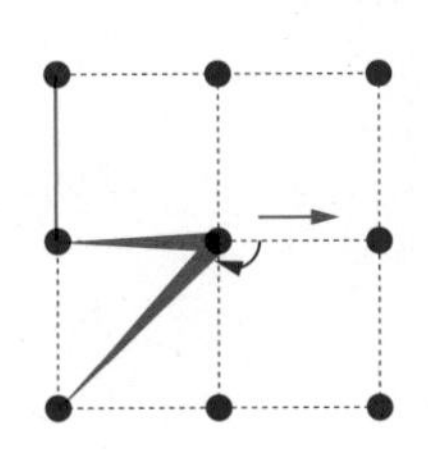

(ⅳ) ∠225 ☞ ▶ ☞ ⊙ ▶는 시계 방향으로 225° 회전한 후 다음 점을 만날 때까지 앞으로 한 칸 이동한 후, 그 다음 점을 만날 때까지 선이 굵어지며 앞으로 이동한다.

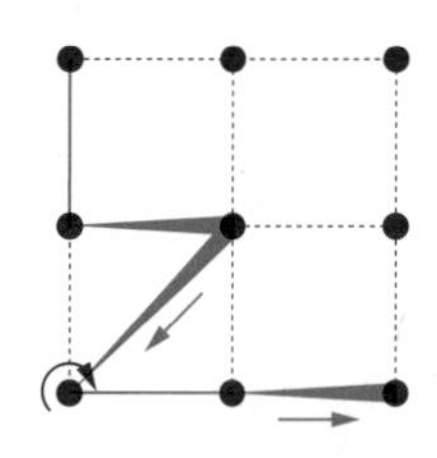

(ⅴ) ∠240 ☞ ◎ ▶는 시계 방향으로 240° 회전한 후 다음 점을 만날 때까지 선이 가늘어지며 앞으로 이동한다.

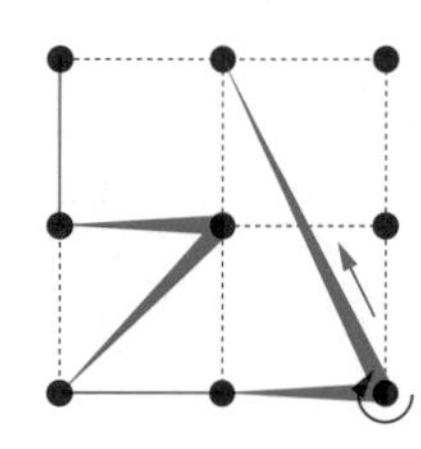

6

정답 (1) 해설참조
(2) 해설참조
(3) 해설참조

해설 (1) 모양 조각 4개를 모두 사용하여 만들 수 있는 사각형은 다음과 같다.

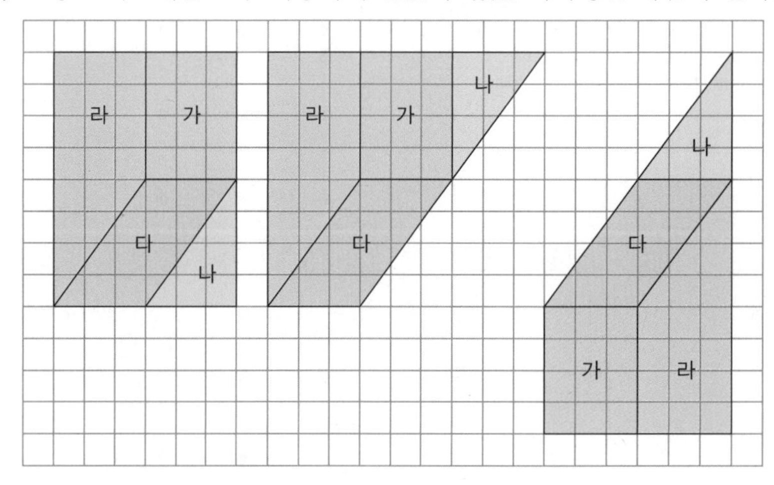

(2) 모양 조각 3개를 사용하여 만들 수 있는 사각형은 다음과 같다.

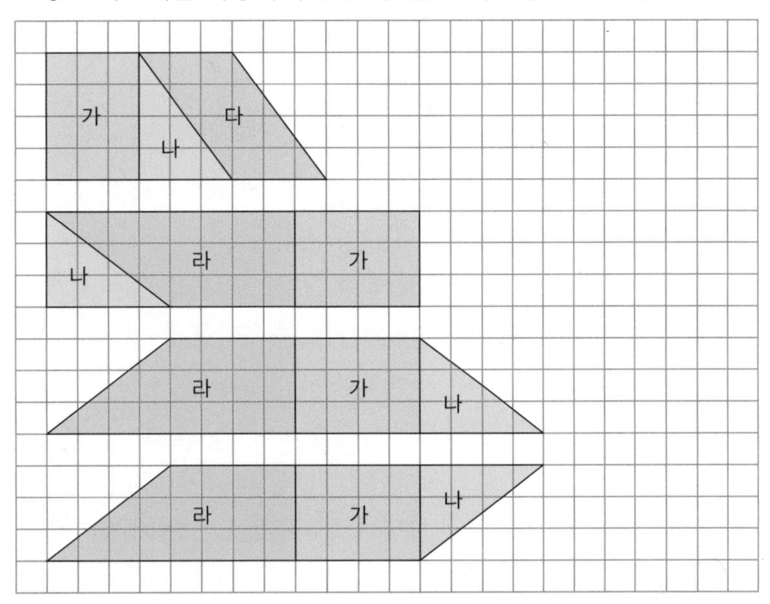

(3) 모양 조각 2개를 사용하여 만들 수 있는 사각형은 다음과 같다.

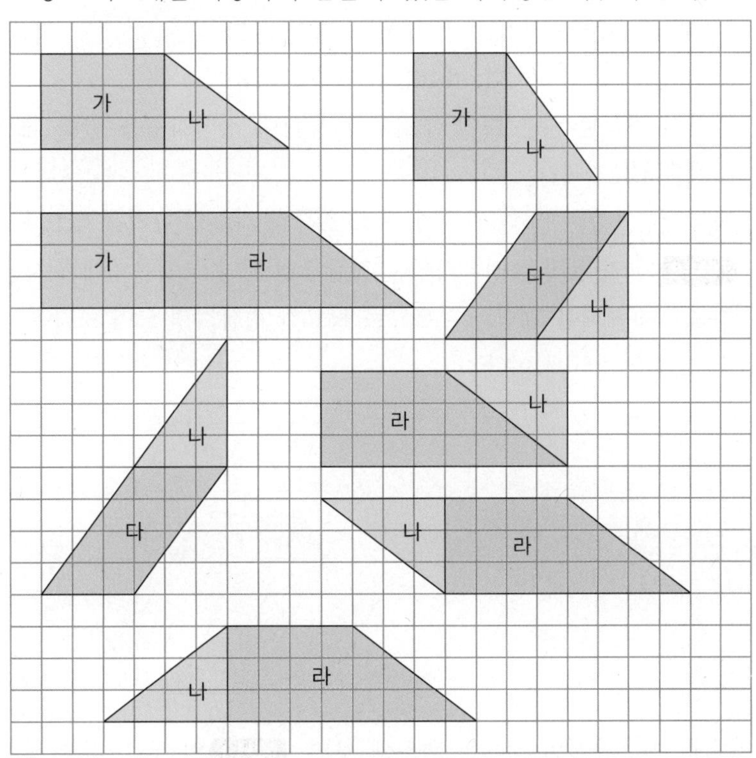

7

정답 (1) 121개

(2) 96개

(3) 정삼각형을 만드는 데 필요한 모양 조각: 81개,
정육각형을 만드는 데 필요한 모양 조각: 54개

해설 (1) 정삼각형을 만드는 데 필요한 모양 조각의 개수의 규칙을 찾으면 된다.

가장 작은 정삼각형은 정삼각형 모양 조각을 1개

두 번째로 작은 정삼각형은 정삼각형 모양 조각을 $1+3=4$(개) $\rightarrow 2\times2$

세 번째로 작은 정삼각형은 정삼각형 모양 조각을 $1+3+5=9$(개) $\rightarrow 3\times3$

네 번째로 작은 정삼각형은 정삼각형 모양 조각을 $1+3+5+7=16$(개) $\rightarrow 4\times4$

다섯 번째로 작은 정삼각형은 정삼각형 모양 조각을 $1+3+5+7+9=25$(개) $\rightarrow 5\times5$

⋮

를 사용하므로 크기가 커질 때마다 1부터 홀수만 더해가는 규칙 또는 1부터 같은 수를 두 번 곱하는 규칙이다.

이때, 1부터 홀수만 더해 140에 가장 가까운 작은 수를 찾으면 된다.

$1+3+5+7+\cdots+21=121$(개) $\rightarrow 11\times11$

$1+3+5+7+\cdots+23=144$(개) $\rightarrow 12\times12$

따라서 가능한 많은 모양 조각을 이용하여 정삼각형을 만들 때 필요한 정삼각형 모양 조각은 121개이다.

(2) 정육각형을 만드는 데 필요한 모양 조각의 개수의 규칙을 찾으면 된다.

예시 2의 가장 작은 정육각형은 정삼각형 모양 조각을 6개를 사용했고, 두 번째로 작은 정육각형은 다음 그림과 같으므로 필요한 정삼각형 모양 조각은

$6+3\times6=24$(개)이다.

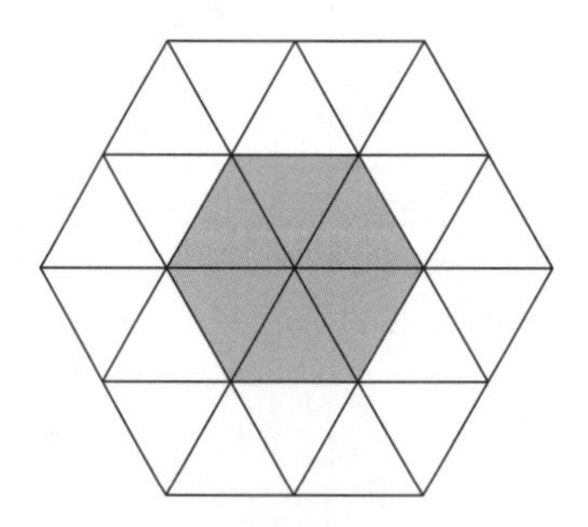

이때, 정육각형의 내부를 관찰해 보면, **예시 1**의 두 번째로 작은 정삼각형을 찾을 수 있다.

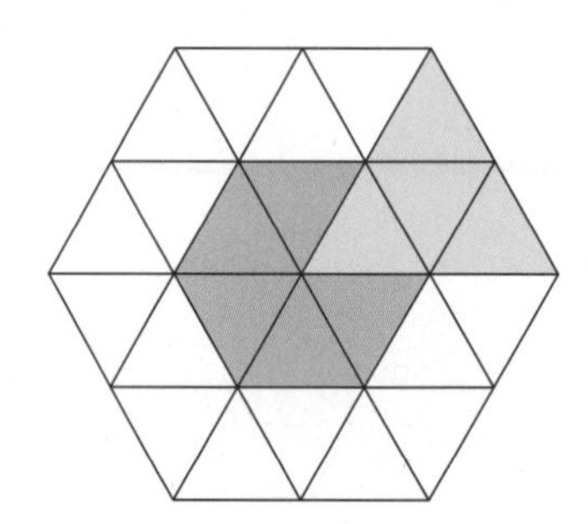

즉, 두 번째로 작은 정삼각형이 6개 있으므로 필요한 정삼각형 모양 조각은
$(1+3)\times6=4\times6=24$(개)이다.
세 번째로 작은 정육각형은 (1)의 세 번째로 작은 정삼각형이 6개 있으므로 필요한 정삼각형 모양 조각은 $(1+3+5)\times6=9\times6=54$(개)이다.
따라서 1부터 홀수만 더한 값에 6을 곱한 결과가 140에 가장 가까운 작은 수를 찾으면 된다.
$1+3+5+7=16$에서 $16\times6=96$(개)
$1+3+5+7+9=25$에서 $25\times6=150$(개)
그러므로 가능한 많은 모양 조각을 이용하여 정육각형을 만들 때 필요한 정삼각형 모양 조각은 96개이다.

(3) 가능한 많은 모양 조각을 이용해야 하므로 정삼각형과 정육각형을 만드는 데 필요한 정삼각형 모양 조각의 개수의 합을 구한다.
(2)에서 정삼각형 모양 조각으로 만들 수 있는 정육각형은 모두 4가지로, 이때 필요한 정삼각형 모양 조각의 개수는 각각 6개, 24개, 54개, 96개이다.
따라서 정육각형을 만드는 데 필요한 모양 조각의 개수를 기준으로 하여 가능한 많은 모양 조각을 이용할 수 있는 정삼각형을 찾는다.

정육각형을 만드는 데 필요한 모양 조각의 개수(개)	6	24	54	96
정삼각형을 만드는 데 필요한 모양 조각의 개수(개)	121	100	81	36
필요한 모양 조각의 총 개수(개)	127	124	135	132

따라서 가능한 많은 모양 조각을 이용하여 정삼각형과 정육각형을 1개씩 만들려고 할 때, 정삼각형을 만드는 데 필요한 모양 조각은 81개, 정육각형을 만드는 데 필요한 모양 조각은 54개이다.

정답 (1) 54°
(2) 24°

해설 (1) 다음과 같이 기준선에 평행인 직선을 긋는다. 이때, 정사각형을 시계 반대 방향으로 회전시켜야 하는 각의 크기를 □°라고 하자.

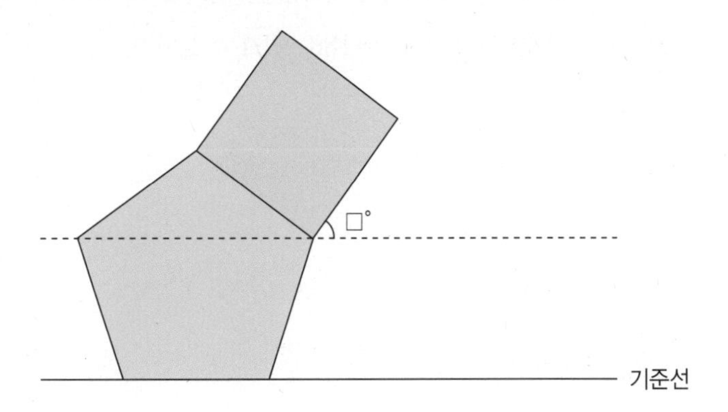

정오각형이므로 한 내각의 크기는 $108°$이다. 기준선에 평행인 직선을 그어 정오각형의 내부에 생긴 이등변삼각형에서 크기가 같은 두 내각의 크기를 구하면 $180°-108°=72°$이므로 $72°÷2=36°$이다. 정사각형의 한 내각의 크기는 $90°$이므로
$□°=180°-90°-36°=54°$이다.

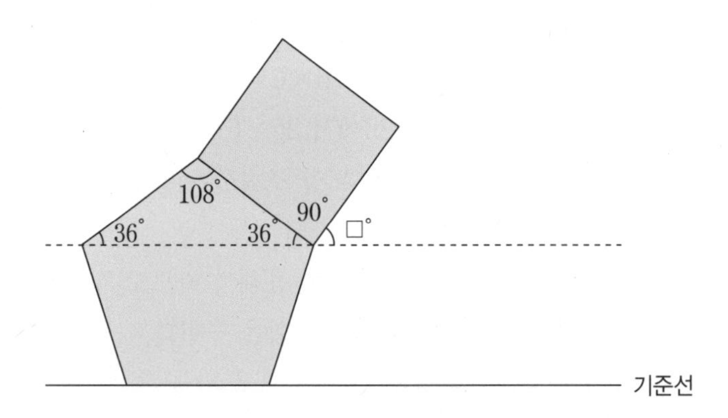

따라서 정사각형은 기준선을 기준으로 시계 반대 방향으로 $54°$ 회전하여 정오각형의 한 변에 이어 붙였다.

(2) (1)번과 같이 기준선에 평행인 직선을 긋는다. 이때, 정육각형을 시계 반대 방향으로 회전시켜야 하는 각의 크기를 □°라고 하자.

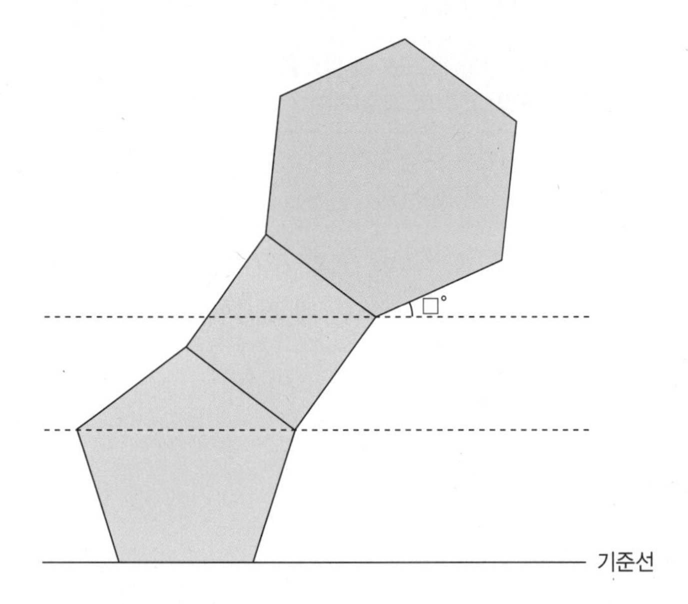

다음 그림과 같이 정사각형의 한 변과 평행한 직선 가를 그으면 평행사변형이 만들어진다. 이때, $54°$와 이웃한 각의 크기를 ★°라 하면 평행사변형의 이웃하는 두 각의 크기의 합은 $180°$이므로 $★°=180°-54°=126°$이다.

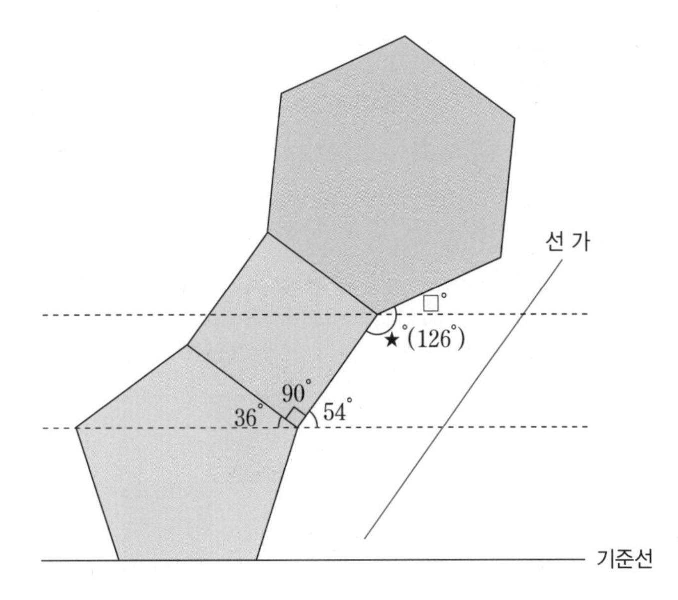

또한, 정사각형의 한 내각의 크기는 90°이고, 정육각형의 한 내각의 크기는 120°이므로, □°=360°−90°−120°−★°=360°−90°−120°−126°=24°이다.

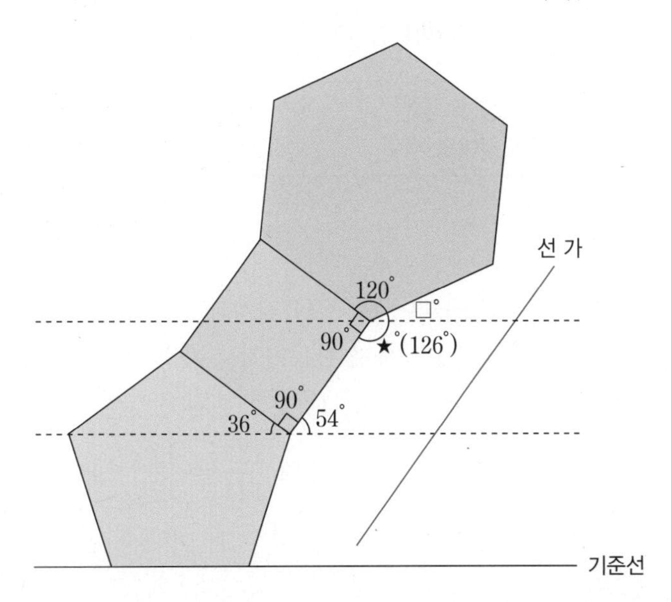

따라서 정육각형은 기준선을 기준으로 시계 반대 방향으로 24° 회전하여 정사각형의 한 변에 이어 붙였다.

경시대회 대비

1

정답 $\frac{132}{144}\left(=\frac{11}{12}\right)$

해설 각 단계에서 생기는 크기가 같은 가장 작은 정사각형의 개수를 표로 나타내면 다음과 같다.

구분	1단계	2단계	3단계	…
모양				…
가장 작은 정사각형의 개수	4개 $(2\times2=4)$	9개 $(3\times3=9)$	16개 $(4\times4=16)$	…
색칠된 정사각형의 개수	2개 $(1+1=2)$	3개 $(2+1=3)$	4개 $(3+1=4)$	…
색칠되지 않는 정사각형의 개수	2개 $(4-2=2)$	6개 $(9-3=6)$	12개 $(16-4=12)$	…

즉, 규칙은 □번째 모양에서 만들어지는 가장 작은 정사각형의 개수는 $\{(\square+1)\times(\square+1)\}$개이고, 색칠된 정사각형의 개수는 $(\square+1)$개, 색칠되지 않은 정사각형의 개수는 $\{(\square+1)\times(\square+1)-(\square+1)\}$개이다.

이때, 11단계의 모양에서 만들어지는 가장 작은 정사각형의 개수는 $12\times12=144$(개)이고, 색칠된 정사각형의 개수는 12개, 색칠되지 않은 정사각형의 개수는 $144-12=132$(개)이다.

따라서 이것을 분수로 나타내면 $\frac{132}{144}\left(=\frac{11}{12}\right)$이다.

2

정답 8000

해설 수가 배열된 규칙은 첫 번째 줄부터 홀수가 차례로, 개수가 하나씩 늘어나면서 삼각형 모양으로 배열되는 규칙이다. 20번째 줄에 있는 홀수는 모두 20개이며, 20번째 줄에 있는 수들의 합을 구하려면 20번째 줄의 첫 번째 놓인 홀수를 구해야 한다.

각 줄에 첫 번째에 놓인 홀수를 차례로 나열하면, 1, 3, 7, 13, 21, …로 더해지는 수가 2, 4, 6, 8, …의 순서로 2씩 커지는 규칙이다. 즉, 두 번째 줄의 첫 번째 놓인 홀수는 $1+2=3$이고, 세 번째 줄의 첫 번째 놓인 홀수는 $1+2+4=7$이며, 네 번째 줄의 첫 번째 놓인 홀수는 $1+2+4+6=13$이다.

규칙에 따라 20번째 줄의 첫 번째 놓인 홀수를 구하면 $1+(2+4+6+\cdots+36+38)$이다.

이때, $2+4+6+\cdots+36+38$에서 $2+38=40$, $4+36=40$, …임을 활용하면 40이 9쌍이고 가운데 20이 남으므로 $40\times9+20=380$이다. 즉, 20번째 줄의 첫 번째 놓인 홀수는 $1+380=381$이다.

따라서 20번째 줄에 배열되는 홀수 20개를 차례로 구하면 381, 383, 385, …이고, 홀수는 모두 2씩 커지므로 이 수들의 합은

$381\times20+(2+4+\cdots+36+38)=7620+380=8000$이다.

다른 풀이

각 줄에 배열된 수들의 합을 구하면 첫 번째 줄은 1, 두 번째 줄은 $3+5=8$, 세 번째 줄은 $7+9+11=27$, 네 번째 줄은 $13+15+17+19=64$이다.

이때, $1\times1\times1=1$, $2\times2\times2=8$, $3\times3\times3=27$, $4\times4\times4=64$이므로 □번째 줄에 있는 수들의 합은 □×□×□임을 알 수 있다.

따라서 20번째 줄에 있는 수들의 합은 $20\times20\times20=8000$이다.

정답 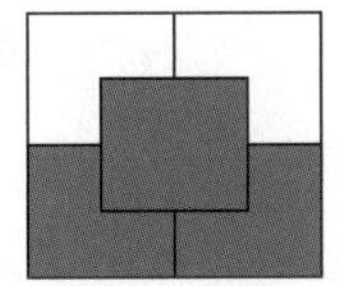

해설 문제에 주어진 도형에서 나뉘어진 각 부분을 다음과 같이 가, …, 마라고 하자.

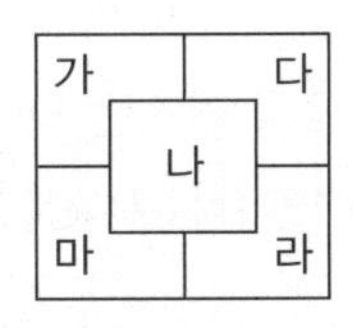

문제의 **예시** 에서 가는 1, 다는 4, 마는 16을 나타낸다고 하자.

(가, 나)=3, (나, 다)=6이고 가+나=1+나=3과 나+다=나+4=6이므로 나는 2이다. 즉, 색칠된 칸의 수를 더해 나타냄을 알 수 있다.

같은 방법으로 (가, 라)=9, (가, 다, 라)=13이고 가+라=1+라=9,

가+다+라=1+4+라=13이므로 라는 8이다.

즉, 가=1, 나=2, 다=4, 라=8, 마=16이다.

따라서 26을 1, 2, 4, 8, 16의 합으로 나타내면 $2+8+16=26$이고, 이를 그림에 색칠하여 나타내면 다음과 같다.

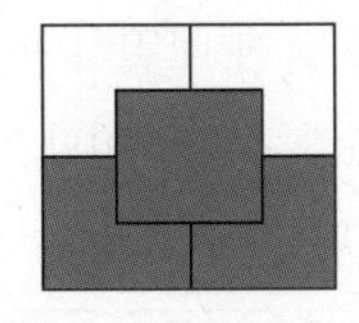

4

정답 06:26:40

해설 책을 읽기 시작했을 때부터 10분 간격으로 시계가 나타내는 시각의 규칙을 찾아보면 시는 15, 12, 8, 3, …에서 빼는 수가 3, 4, 5, …로 커지는 규칙이다. 분은 14, 18, 26, 42, …로 더하는 수가 4, 8, 16, …으로 2배씩 커지는 규칙이다. 마지막으로, 초는 1, 0, 58, 55, …로 빼는 수가 1, 2, 3, …으로 커지는 규칙이다. 이때, 디지털 시계에서 시는 00~23으로 표시되고, 분과 초는 00~59로 표시되므로 이를 표로 나타내면 다음과 같다.

	시		분		초	
처음 시각	15		14		01	
		−3		+4		−1
10분 후	12		18		00	
		−4		+8		−2
20분 후	08		26		58	
		−5		+16		−3
30분 후	03		42		55	
		−6		+32		−4
40분 후	21		74 → 14		51	
		−7		+64 → +4		−5
50분 후	14		18		46	
		−8		+128 → +8		−6
60분 후	06		26		40	

따라서 1시간 후, 즉 60분 후 고장 난 디지털 시계가 나타내는 시각은 06시 26분 40초, 즉 06:26:40이다.

5

정답 4600

해설 수가 적혀 있는 규칙은 열이 바뀔 때마다 2배씩 늘어나며, 홀수 열은 위에서 아래로, 짝수 열은 아래에서 위로 1씩 커지는 규칙이다.

열이 바뀔 때 2배씩 늘어나는 부분을 나타내면 다음 표의 색칠된 부분과 같다.

행 \ 열	1	2	3	4	5	6	…
1	1	14	28	68	136	284	…
2	2	13	29	67	137	283	…
3	3	12	30	66	138	282	…
4	4	11	31	65	139	281	…
5	5	10	32	64	140	280	…

즉, 1행과 5행에서 번갈아가며 2배로 늘어나고, 그 열에 나열된 수 중 가장 큰 수의 2배가 다음 열의 가장 작은 수가 된다. 따라서 각 열에서 가장 작은 수를 먼저 찾은 후, 각 열에서 수가 적히는 규칙에 맞게 배열하여 찾으면 된다. 각 열의 가장 작은 수와 가장 큰 수만 찾아 표로 나타내면 다음과 같다. 이때, 5행까지 있으므로 같은 열에서 가장 큰 수는 가장 작은 수에 4를 더한 값이다.

열	1	2	3	4	5	6	7	8	9	10	…
가장 작은 수	1	10	28	64	136	280	568	1144	2296	4600	…
가장 큰 수	5	14	32	68	140	284	572	1148	2300	4604	…

규칙에 따라 수를 적을 때 10열에 있는 가장 작은 수는 4600이고, 가장 큰 수는 4604이다.
이때, 10열은 짝수 열이므로 아래에서 위로 1씩 커지는 규칙이다.
따라서 5행 10열에 적혀 있는 수는 10열에서 가장 작은 수인 4600이다.

6

정답 88개

해설 정사각형 종이를 접는 규칙은 '세로로 접기－가로로 접기－대각선으로 접기－세로로 접기－가로로 접기－대각선으로 접기－…'가 반복되는 규칙이다.

1단계에서 찾을 수 있는 직각은 다음과 같이 모두 8개이다.

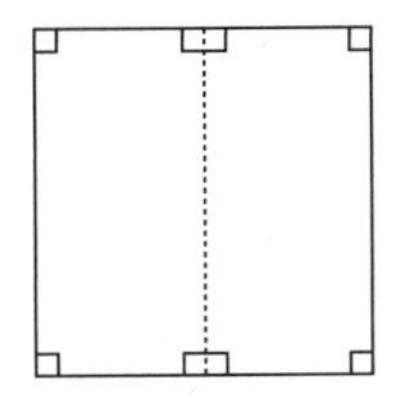

2단계에서 찾을 수 있는 직각은 다음과 같이 8개를 더 찾을 수 있으므로 모두 $8+8=16$(개)이다.

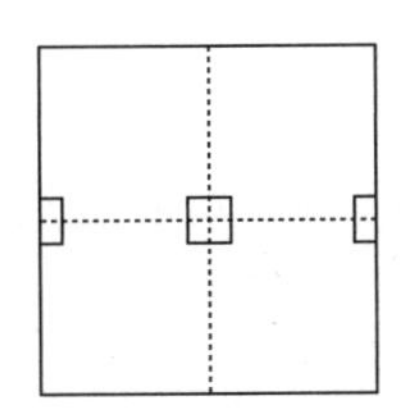

정사각형에서 대각선끼리 이루는 각은 $90°$이다. 이때, 3단계에서 찾을 수 있는 직각은 다음과 같이 4개를 더 찾을 수 있으므로 모두 $16+4=20$(개)이다.

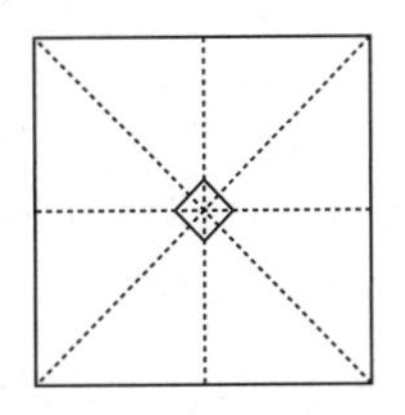

6단계의 모양은 3단계의 모양이 4개이므로 찾을 수 있는 직각은 $20\times4=80$(개)이다. 또한, 대각선끼리 이루는 각에서 다음 그림과 같이 8개의 직각을 더 찾을 수 있다.

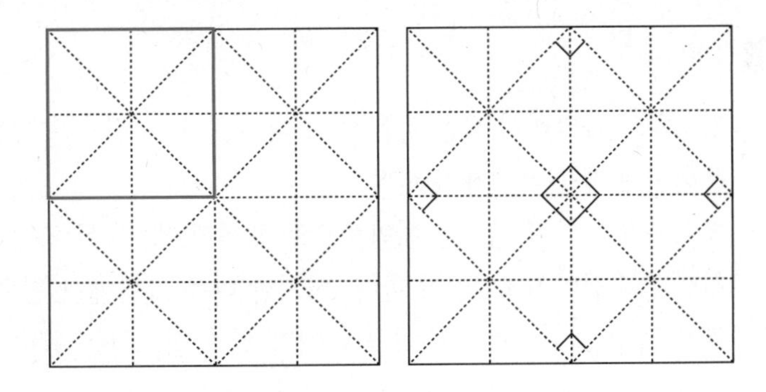

따라서 6단계에서 찾을 수 있는 직각은 모두 $80+8=88$(개)이다.

정답 18

해설 각 단계별로 세로로 한 줄, 즉 정삼각형이 4개씩 추가된다.

2단계에서 찾을 수 있는 정삼각형 3개를 이어 붙인 사다리꼴과 정삼각형 4개를 이어 붙인 평행사변형은 다음과 같은 모양이다.

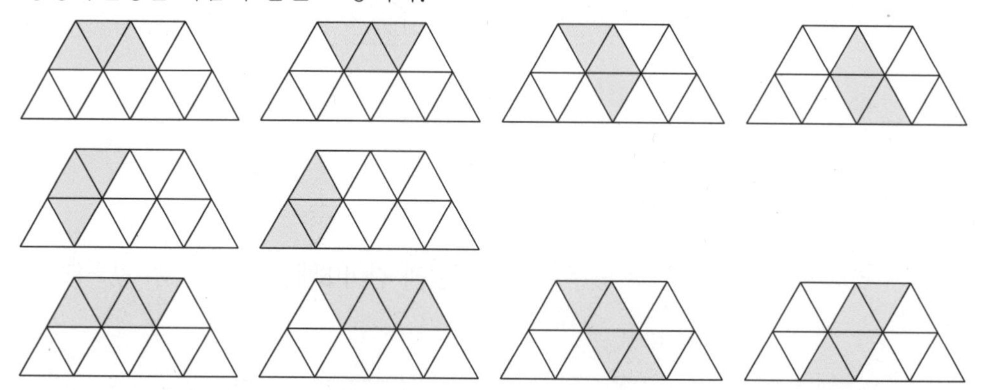

각 단계에서 찾을 수 있는 정삼각형 3개를 이어 붙인 사다리꼴과 정삼각형 4개를 이어 붙인 평행사변형의 개수를 정리하여 표로 나타내면 다음과 같다.

단계	1단계	2단계	3단계	…
사다리꼴의 개수(개)	10개	18개	26개	…
평행사변형의 개수(개)	4개	10개	16개	…

즉, 각 단계를 지날 때마다 정삼각형 3개를 이어 붙인 사다리꼴은 8개씩, 정삼각형 4개를 이어 붙인 평행사변형은 6개씩 늘어난다.

따라서 7단계에서 찾을 수 있는 정삼각형 3개를 이어 붙인 사다리꼴은

$10+8+8+8+8+8+8=58$(개)이고,

정삼각형 4개를 이어 붙인 평행사변형은 $4+6+6+6+6+6+6=40$(개)이다.

그러므로 ㉠$=58$, ㉡$=40$이므로 ㉠$-$㉡$=58-40=18$이다.

8

정답 100 m

해설 청소차가 출발하여 모든 길을 지나 다시 출발 지점으로 되돌아와야 하므로 한붓그리기를 이용해서 문제를 해결해야 한다.

청소차가 지나간 경로를 하얀색으로 표시할 때, 모든 길을 지나 다시 출발 지점으로 돌아오려면 홀수점이 0개이어야 한다. 하지만 다음 그림에서 원으로 표시된 지점에서는 연결된 경로가 홀수 개이므로 홀수점을 없애기 위해 청소차는 왔던 길을 되돌아가는 반복 구간이 있어야 한다. 이때, 반복 구간의 경로가 짧아야 움직인 거리를 가장 짧게 할 수 있다.

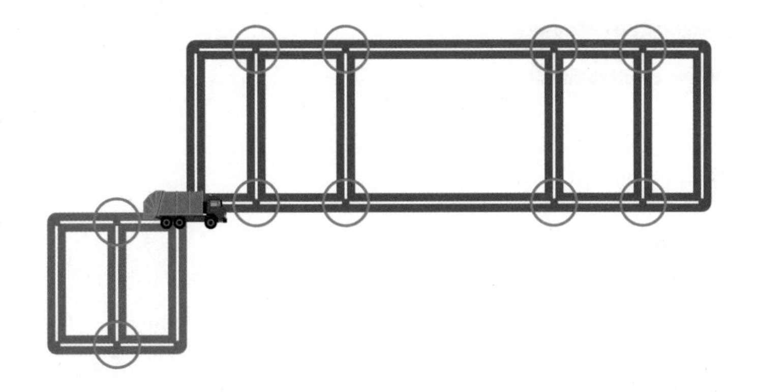

조건을 만족하도록 반복 구간에 새로운 경로를 파란색으로 나타낸 후, 각각의 경로의 방향을 화살표로 나타내어 주면 다음 그림과 같다. 즉, 모든 홀수점이 0개가 된다.

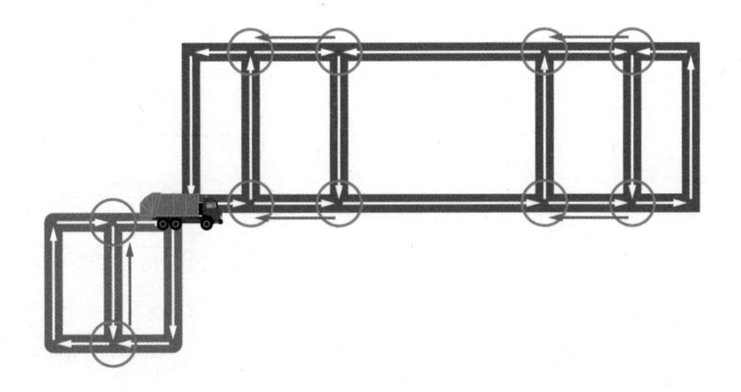

따라서 청소차가 모든 길을 지나 청소한 후 출발 지점으로 되돌아올 때, 움직인 가장 짧은 거리는 $(5\times6+2\times4+3\times8+7\times2)+(4\times4+2\times4)=76+24=100$ (m)이다.

개념설명

한붓그리기

뜻: 어떤 도형을 그릴 때, 지난 곳을 다시 지나지 않고, 한 번에 그리는 것

성질

① 모든 점에서 짝수 개의 선이 만나는 경우, 즉 짝수점만 있는 경우에 한붓그리기가 가능하다.

② 홀수점이 2개만 있으면 하나는 출발점, 다른 하나는 도착점이 되는 경우에 한붓그리기가 가능하다. 이때, 홀수점은 홀수 개의 선이 만나는 점이다.

영재교육원 대비

1

정답 (1) 27 cm
(2) 139 cm
(3) 169개

해설 (1) 다음 그림에서 빨간 부분의 길이를 모두 더하면 수수깡의 둘레와 같다. 또한, 나머지 부분의 길이는 원의 중심끼리 이은 안쪽의 정사각형의 둘레의 길이와 같다.

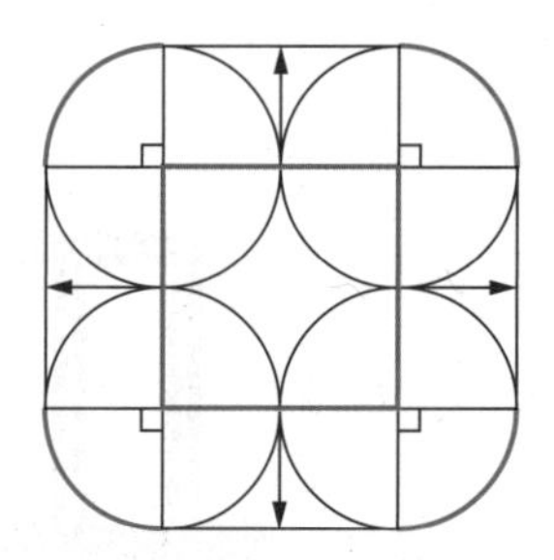

따라서 수수깡 4개를 빈틈없이 이어 붙여 묶을 때 필요한 끈의 길이는
(수수깡의 둘레)+(정사각형의 둘레)+(매듭의 길이)$=6+2\times2\times4+5=27$ (cm)이다.

(2) 문제의 그림과 같이 수수깡을 묶을 때, 늘어나는 수수깡의 개수의 규칙을 구해 본다.

단계	1단계	2단계	3단계	…
모양				…
가로, 세로 한 줄에 놓인 수수깡의 개수	2개	3개	4개	…
총 수수깡의 개수	4개 ($2\times2=4$)	9개 ($3\times3=9$)	16개 ($4\times4=16$)	…
정사각형의 한 변의 길이	4 cm ($2\times2\times1=4$)	8 cm ($2\times2\times2=8$)	12 cm ($2\times2\times3=12$)	…

□단계에서 가로, 세로 한 줄에 놓인 수수깡의 개수는 (□+1)개이고, 총 수수깡의 개수는 {(□+1)×(□+1)}개이며, 원의 중심을 이어 그린 정사각형의 한 변의 길이는 (2×2×□) cm이다.
즉, 수수깡 81개를 빈틈없이 이어 붙이면 가로, 세로 한 줄에 필요한 수수깡은 9개이고, 8단계의 모양을 만들어내므로 정사각형의 한 변의 길이는 $2\times2\times8=32$ (cm)이다.
따라서 수수깡 81개를 빈틈없이 이어 붙여 묶을 때 필요한 끈의 길이는
(수수깡의 둘레)+(정사각형의 둘레)+(매듭의 길이)
$=6+32\times4+5=6+128+5=139$ (cm)
이다.

(3) (2)에서 구한 규칙을 이용해서 문제를 해결한다.

수수깡을 묶는 데 203 cm를 사용했으므로 쌓은 모양에서 수수깡의 중심을 이어 만든 정사각형의 둘레의 길이는 $203-6-5=192$ (cm)가 된다. 즉, 정사각형의 한 변의 길이는 $192 \div 4=48$ (cm)이므로 $48 \div 4=12$에서 12단계의 모양으로 수수깡을 묶는다.

따라서 가로, 세로 한 줄에 놓인 수수깡의 개수는 $12+1=13$(개)이고, 묶을 수 있는 수수깡의 최대 개수는 $13 \times 13=169$(개)이다.

2

정답 (1) 31개

(2) 15 g

(3) 11가지

해설 (1) 11 g이 되도록 오른쪽에 무게추를 올리는 방법은

$1+1+1+1+1+1+1+1+1+1+1=11$ (g),

$3+1+1+1+1+1+1+1+1=11$ (g), $5+1+1+1+1+1+1=11$ (g),

$7+1+1+1+1=11$ (g), $9+1+1=11$ (g)의 4가지이다.

따라서 사용된 1 g의 무게추의 개수는 모두 $11+8+6+4+2=31$(개)이다.

(2) 양팔 저울의 왼쪽에 올린 무게추의 무게를 □ g이라고 하자.

이때, 오른쪽에 사용된 무게가 홀수인 무게추에 따라 경우를 나누고, 각각 필요한 1 g의 무게추의 개수를 구해 본다.

(i) 1 g의 무게추만 사용한 경우: □개

(ii) □ g보다 2 g 작은 무게추가 사용된 경우: 2개

(iii) □ g보다 4 g 작은 무게추가 사용된 경우: 4개

(iv) □ g보다 6 g 작은 무게추가 사용된 경우: 6개

(i)~(iv)와 같은 방법으로 3 g의 무게추가 사용된 경우에 필요한 1 g의 무게추의 개수는 (□-3)개이다. 양팔 저울을 수평으로 만드는 모든 방법에서 사용된 1 g의 무게추의 개수는 모두 57개이므로 $2+4+6+\cdots+$(□-3)$+$□$=57$이다.

$2+4+6+\cdots+$(□-3)$+$(□-1)$=56$에서

$2+4+6+8+10+12+14=56$이므로 □$-1=14$, 즉 □$=15$이다.

따라서 양팔 저울의 왼쪽에 올린 무게추의 무게는 15 g이다.

(3) 양팔 저울을 이용하여 무게가 16 g인 물건의 무게를 재는 방법은 다음과 같이 두 가지 경우로 나누어 구할 수 있다.

(i) 양팔 저울의 다른 한 쪽을 16 g으로 만드는 경우

무게가 1 g, 3 g, 5 g, 7 g, 9 g, 11 g인 추를 이용하여 16 g을 만드는 방법은

$5+11=16$ (g), $7+9=16$ (g), $1+3+5+7=16$ (g)으로 3가지이다.

(ii) 양팔 저울의 양쪽에 올린 무게 차를 16 g으로 만드는 경우

무게 차를 이용하는 방법은 양팔 저울의 양쪽에 올린 무게추의 무게 차가 16 g이 되도록 만드는 후, 가벼운 쪽에 무게가 16 g인 물건을 올려서 재는 것이다.

즉, $3+5+9-1=16$ (g), $9+11-1-3=16$ (g), $1+7+11-3=16$ (g),

$3+7+11-5=16$ (g), $1+9+11-5=16$ (g), $3+9+11-7=16$ (g),

$1+5+9+11-3-7=16$ (g), $3+5+7+11-1-9=16$ (g)으로 8가지이다.

(ⅰ), (ⅱ)에서 무게가 16 g인 물건의 무게를 재는 방법은 $3+8=11$(가지)이다.

참고

(ⅱ)를 올리는 방법은 한 쪽 접시에 9 g, 11 g의 무게추를 올리고, 다른 한 쪽 접시에 1 g, 3 g의 무게추와 무게가 16 g인 물건을 올리면 물건의 무게를 잴 수 있다.

3

정답 (1) 55개

(2) 155

(3) 20

해설 (1) 각 단계의 분수의 개수는 그 단계의 수와 같다. 즉, 1단계는 1개, 2단계는 2개, 3단계는 3개이며 10단계는 10개의 분수가 있다.

따라서 1단계부터 10단계까지의 분수의 총 개수는 $1+2+3+\cdots+10=55$(개)이다.

(2) 분모가 5인 분수를 단계별로 구하면 다음과 같다.

1단계: $\frac{1}{5}$ / 2단계: $\frac{5}{1}$, $\frac{5}{1}$ / 3단계: $\frac{1}{5}$, $\frac{1}{5}$, $\frac{1}{5}$ / 4단계: $\frac{5}{1}$, $\frac{5}{1}$, $\frac{5}{1}$, $\frac{5}{1}$ /

5단계: $\frac{1}{5}$, $\frac{1}{5}$, $\frac{1}{5}$, $\frac{1}{5}$, $\frac{1}{5}$ / …

먼저 홀수 단계의 경우, 분수가 모두 $\frac{1}{5}$이고, 1단계부터 10단계 중 홀수 단계의 분수의 개수는 $1+3+5+7+9=25$(개)이므로 홀수 단계의 분수의 합은 $\frac{1}{5}\times25=5$이다.

짝수 단계의 경우, 분수가 모두 $\frac{5}{1}$이고, 1단계부터 10단계 중 짝수 단계의 분수의 개수는 $2+4+6+8+10=30$(개)이므로 짝수 단계의 합은 분수의 합은

$\frac{5}{1}\times30=150$이다.

따라서 1단계부터 10단계까지의 분수의 총합은 $5+150=155$이다.

(3) 먼저 홀수 단계의 경우, 분수가 모두 $\frac{1}{\square}$이고, 1단계부터 20단계 중 홀수 단계의 분수의 개수는 $1+3+5+\cdots+17+19=100$(개)이다.

짝수 단계의 경우, 분수는 모두 $\frac{\square}{1}$, 즉 □이고, 1단계부터 20단계 중 짝수 단계의 분수의 개수는 $2+4+6+\cdots+18+20=110$이다.

'분자가 1이고, 분모가 □인 분수'를 1단계부터 20단계까지 나열했을 때, 분수의 총합이 2205이므로, 2205에 가장 가까운 $\square\times110$의 값은 $19\times110=2090$, $20\times110=2200$, $21\times110=2310$에서 $\square=20$일 때이다. 이때, $\frac{1}{20}$이 100개이고, $\frac{1}{20}\times100=5$이므로 $2200+5=2205$이다.

따라서 '분자가 1이고, 분모가 □인 분수'를 1단계부터 20단계까지 나열했을 때, 분수의 총합이 2205이면 $\square=20$이다.

4

정답 (1) 32 cm

(2) 81 cm

(3) $180\frac{1}{2}$ cm

해설 (1) 2단계에서 선분을 그리는 간격은 2 cm이므로 각 선분이 방향을 바꾸기 전까지를 한 구간으로 하여 구간을 나누어 구한다.

첫 번째 구간은 $10-2=8$ (cm), 두 번째 구간은 $10-2-2=6$ (cm), 세 번째 구간은 $10-2-2=6$ (cm)로 동일하다. 또, 네 번째 구간은 $10-2-4=4$ (cm), 다섯 번째 구간은 $10-4-2=4$ (cm)로 동일하고, 여섯 번째 구간은 $10-4-4=2$ (cm), 일곱 번째 구간은 $10-4-4=2$ (cm)로 동일하다. 일곱 번째 구간 이후 2 cm 간격으로 더 이상 그릴 수 없다.

따라서 2단계에서 그린 선분의 길이는 모두 $8+6+6+4+4+2+2=32$ (cm)이다.

(2) 4단계에서 선분을 그리는 간격은 $\frac{4}{4}=1$ cm이다. 각 선분의 구간을 표로 정리하면 다음과 같다.

구간	1	2	3	4	5	6	7	8	9
길이(cm)	9	8	8	7	7	6	6	5	5
구간	10	11	12	13	14	15	16	17	
길이(cm)	4	4	3	3	2	2	1	1	

따라서 선분의 길이는 모두 $(1+2+3+4+5+6+7+8)\times2+9=81$ (cm)이다.

(3) 8단계에서 선분을 그리는 간격은 $\frac{4}{8}=\frac{1}{2}$ cm이다. 각 선분의 구간의 길이가 0이 되기 전까지 규칙에 따라 각 구간의 선분의 길이를 나열하면 다음과 같다.

$9\frac{1}{2}$, 9, 9, $8\frac{1}{2}$, $8\frac{1}{2}$, 8, 8, ⋯, $\frac{1}{2}$, $\frac{1}{2}$

따라서 8단계에서 그려지는 선분의 길이를 모두 더하면

$$9\frac{1}{2}+9+9+8\frac{1}{2}+8\frac{1}{2}+8+8+\cdots+\frac{1}{2}+\frac{1}{2}=9\frac{1}{2}+18+17+16+\cdots+2+1$$
$$=9\frac{1}{2}+171=180\frac{1}{2}\ (\text{cm})$$

이다.

정답 (1) 11

(2) 17명

(3) 49

해설 (1) 1번부터 11번까지 학생 11명이 모두 시계의 큰 바늘을 이동시키면 규칙 ②에 따라 큰 바늘은 1부터 11까지 수들의 합만큼 움직인다. 1부터 10까지 수들의 합은 55이므로

1부터 11까지 수들의 합은 66이다. 규칙 ③에 따라 $66 \div 12 = 5 \cdots 6$에서 몫인 5만큼은 작은 바늘이 5칸 움직였고, 나머지 6만큼은 큰 바늘이 6칸 움직였다.

따라서 시계의 작은 바늘은 5, 큰 바늘은 6을 가리키므로 두 수의 합은 $5+6=11$이다.

(2) 규칙 ③에 따라 작은 바늘이 12를 가리키기 위해서는 큰 바늘이 12를 12번 지나야 하므로 $12 \times 12 = 144$에서 번호의 합은 144보다 크거나 같아야 한다.

(1)에서 1부터 11까지 수들의 합은 66이므로 12번 학생부터 차례대로 그 합을 구하여 표로 나타내면 다음과 같다.

학생 번호	11번	12번	13번	14번	15번	16번	17번
학생 번호에 해당하는 수까지의 합	66	78	91	105	120	136	153

따라서 작은 바늘이 한 바퀴 돌아 다시 12의 위치로 오려면 최소 17명의 학생이 필요하다.

(3) 모형 시계의 작은 바늘과 큰 바늘이 모두 6에 위치하려면 큰 바늘은 12를 6번 지나고, 6칸 더 가야 하므로 큰 바늘이 총 이동한 칸의 수는 $6 \times 12 + 6 = 78$(칸)이다.

(2)에서 1번부터 12번까지 학생 번호에 해당하는 수들의 합이 78이므로 그 다음 번호는 13번이다. 즉, 모형 시계의 큰 바늘은 $78+13=91$(칸)을 움직였다.

따라서 $91 \div 12 = 7 \cdots 7$에서 시계의 작은 바늘은 7, 큰 바늘은 7을 가리키므로 두 수의 곱은 $7 \times 7 = 49$이다.

다른 풀이

1번부터 10번까지의 학생의 번호에 해당하는 수의 합이 55이므로

$78-55=23=11+12$에서 12까지 수들의 합이 78임을 구할 수도 있다.

6

정답 (1) 1번: 40개, 2번: 16개, 3번: 12개

(2) 148 cm

(3) 480 cm

해설 (1) 모양을 만드는 규칙은 이전 단계의 가장 아랫줄에 있는 정사각형의 밑변의 꼭짓점에 정사각형을 만들어 이어 붙이는 규칙이다. 단, 2번 모양 블록이 한 꼭짓점에서 2개가 만나 연결될 때는 3번 모양 블록으로 바뀐다.

각 단계별로 사용된 모양 블록의 개수를 구하여 표로 나타내면 다음과 같다.

단계	1단계	2단계	3단계	…
1번 모양 블록의 개수	4개	12개 $(1 \times 4 + 2 \times 4 =$ $(1+2) \times 4 = 12)$	24개 $((1+2+3) \times 4$ $=24)$	…
2번 모양 블록의 개수	4개 $(1 \times 4 = 4)$	8개 $(2 \times 4 = 8)$	12개 $(3 \times 4 = 12)$	…
3번 모양 블록의 개수	0개	2개 $(1 \times 2 = 2)$	6개 $((1+2) \times 2 = 6)$	…

1번 모양 블록의 개수는 4, 12, 24, …로 이전 단계보다 새로 만들어지는 정사각형의 개수의 4배만큼 더 많아진다.

또, 2번 모양 블록의 개수는 4개씩 많아진다.

마지막으로 3번 모양 블록의 개수는 2번 모양 블록이 한 꼭짓점에서 2개가 만나 연결될 때는 3번 모양 블록으로 바뀌므로 이전 단계 맨 아랫줄의 사각형의 꼭짓점의 개수만큼 많아진다. 이때, □단계 맨 아랫줄의 사각형의 개수는 □개이므로 3번 모양 블록의 개수는 $\{(\square-1)\times 2\}$개 더 많아진다.

따라서 4단계에서 사용된 모양 블록의 개수를 차례로 구하면

1번 모양 블록은 $(1+2+3+4)\times 4=40$(개),

2번 모양 블록은 $4\times 4=16$(개),

3번 모양 블록은 $(1+2+3)\times 2=12$(개)

이다.

(2) 1단계에서 만들어진 모양은 정사각형이고, 한 변의 길이는 5 cm이므로 정사각형 1개의 둘레는 (5×4) cm이다.

2단계에서 만들어진 모양의 둘러싼 길이는 아래 그림과 같은 직사각형의 둘레를 이용하여 구할 수 있다.

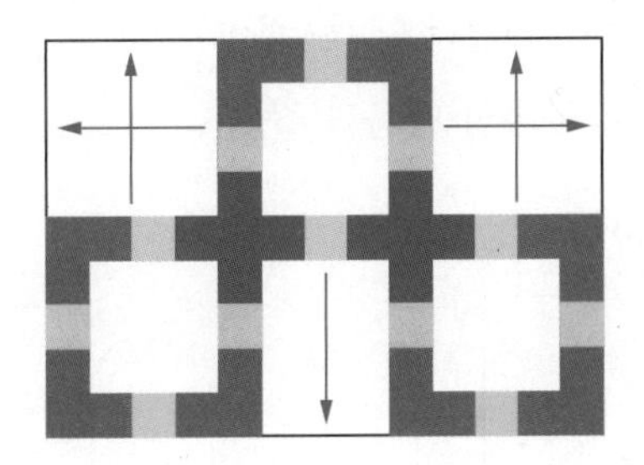

직사각형의 세로의 길이는 $5+(5-1)\times 1=9$ (cm)이고, 가로의 길이는 $5+4\times 2=13$ (cm)이므로 둘레의 길이는 $(9+13)\times 2=44$ (cm)이다.

이때, 2단계에서 만들어진 모양에서 아래 그림의 빨간선의 길이가 포함되지 않았으므로 더해 주어야 한다.

즉, 빨간선의 길이는 4 cm이므로 2단계에서 만들어진 모양을 둘러싼 길이는 $(9+13)\times 2+4\times 2=44+8=52$ (cm)이다.

단계가 커질 때마다 직사각형의 세로의 길이는 4 cm씩 길어지고, 가로의 길이는 (4×2) cm씩 길어지며, 포함되지 않는 사이의 빨간선은 2개씩 증가하므로 그 길이도 (4×2) cm씩 늘어난다.

따라서 5단계에서 만들어지는 도형을 둘러싼 직사각형의 세로의 길이는
$5+4\times4=21$ (cm)이고, 가로의 길이는 $5+4\times2\times4=37$ (cm)이며, 포함되지 않는 부분의 길이는 $4\times2\times4=32$ (cm)이므로 구하는 길이는
$(21+37)\times2+32=116+32=148$ (cm)이다.

(3) 주어진 모양 블록으로 모양을 만들 때, 1단계에서 만들어지는 정사각형의 한 변의 길이는 $2+3\times2=8$ (cm)이다.
따라서 9단계에서 만들어지는 모양을 둘러싼 직사각형의 세로의 길이는
$8+7\times8=64$ (cm)이고, 가로의 길이는 $8+7\times2\times8=120$ (cm)이며, 포함되지 않는 부분의 길이는 $7\times2\times8=112$ (cm)이므로 구하는 길이는
$(64+120)\times2+112=368+112=480$ (cm)이다.

7

정답 (1) 200 cm
(2) 80 cm
(3) 256개

해설 (1) 문제에 주어진 그림과 같이 각 단계별로 ㄴ자 모양의 도형을 모양과 크기가 같은 4개의 도형으로 나눌 때, 1단계의 정사각형의 한 변의 길이가 몇 개씩 사용되는지 그림을 이용하여 구하면 다음과 같다.

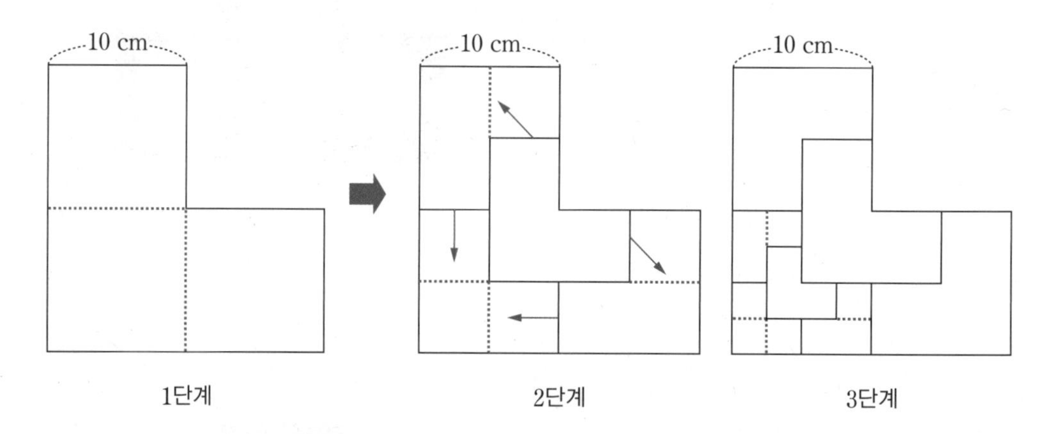

1단계에서 사용된 정사각형의 변의 개수는 8개다.
2단계에서 도형을 나눌 때 사용된 정사각형의 변의 개수는 4개이므로, 총 변의 개수는 $8+4=12$(개)이다.
3단계에서 ㄴ자 모양의 도형에 2단계와 같은 모양으로 도형을 나눌 때 사용된 정사각형의 변의 개수는 2개이고, 이 도형은 모두 4개 있다. 즉, 도형을 나눌 때 사용된 정사각형의 변의 개수는 모두 $2\times4=8$(개)이므로 총 변의 개수는 $12+8=20$(개)이다.
따라서 구하는 3단계 도형의 모든 선분의 길이의 합은 $20\times10=200$ (cm)이다.

(2) 정사각형 3개를 이어 붙인 ㄴ자 모양의 도형의 둘레는 이 정사각형의 8개의 변으로 이루어져 있다. 이때, 둘레의 길이가 80 cm이므로 정사각형의 한 변의 길이는
$80\div8=10$ (cm)가 된다. 한편, ㄴ자 모양의 도형을 이루는 정사각형의 한 변의 길이는 이전 단계 정사각형의 한 변의 길이의 반이다. 즉, 4단계의 정사각형의 한 변의 길이

가 10 cm이므로 3단계의 정사각형의 한 변의 길이는 $10\times2=20$ (cm), 2단계의 정사각형의 한 변의 길이는 $20\times2=40$ (cm)이다.

따라서 1단계의 도형을 이루는 정사각형의 한 변의 길이는 $40\times2=80$ (cm)이다.

(3) 단계별로 ㄴ자 모양의 도형을 4개로 나누므로 그 개수는 4배씩 증가한다.

따라서 1단계에서는 1개, 2단계에서는 $1\times4=4$(개), 3단계는 $1\times4\times4=16$(개), 4단계는 $1\times4\times4\times4=64$(개), 5단계는 $4\times4\times4\times4\times4=256$(개)이다.

정답 (1) 해설 참조

(2) 해설 참조

(3) 127가지

해설 모눈 칸을 이용하여 수를 나타내는 규칙은 다음과 같다.

가로 4칸, 세로 4칸의 모눈 칸에서 색칠된 칸은 3행 1열이므로 행과 열을 순서쌍으로 나타내면 (3, 1)과 같다.

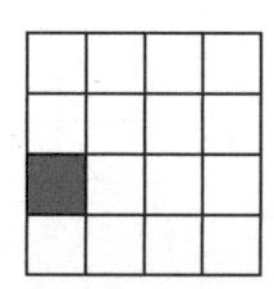

이 모눈 칸에서 2를 나타내는 방법은 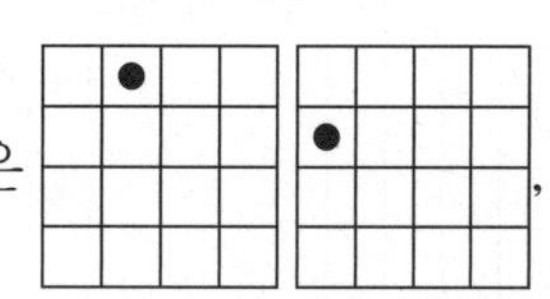, 즉 (1, 2), (2, 1)이므로 각 행과 열의 값을 곱한 값 $1\times2=2$, $2\times1=2$로 나타낼 수 있다. 또, 3을 나타내는 방법에서 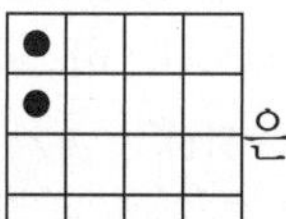은 (1, 1), (2, 1)의 값인 $1\times1=1$, $2\times1=2$를 더해서 나타낼 수 있다.

(1) 가로 5칸, 세로 5칸의 모눈 칸을 이용하여 5를 나타낼 수 있는 방법은 다음과 같다.

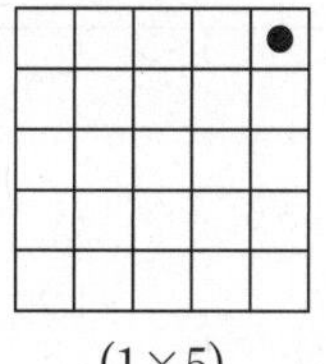

(1×5)

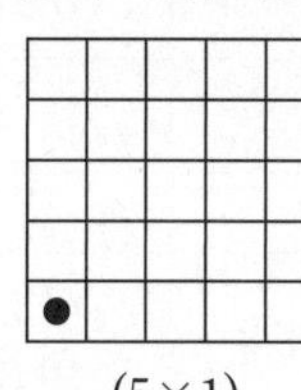

(5×1)

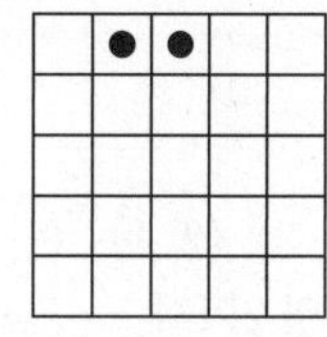

$(1\times2)+(1\times3)$

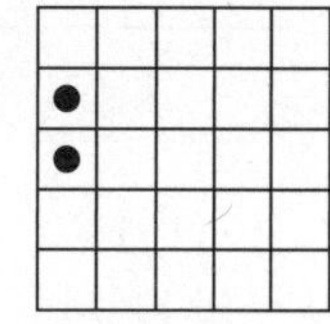

$(2\times1)+(3\times1)$

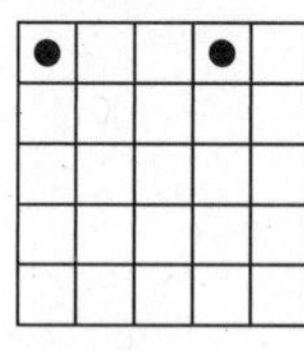

$(1\times1)+(1\times4)$

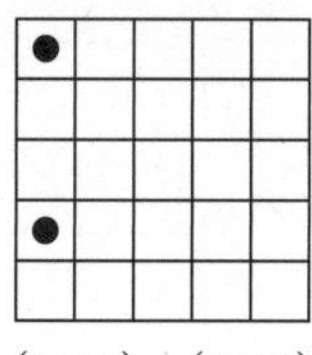

$(1\times1)+(4\times1)$

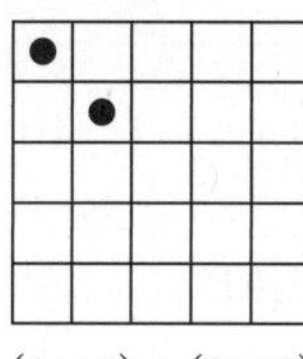

$(1\times1)+(2\times2)$

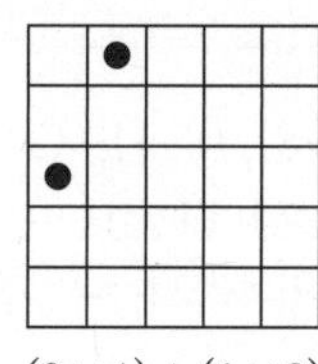

$(3\times1)+(1\times2)$

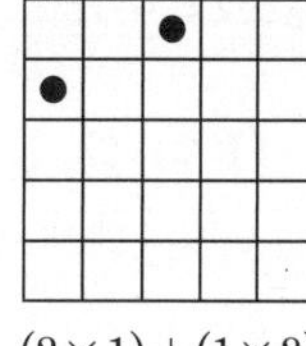

$(2\times1)+(1\times3)$

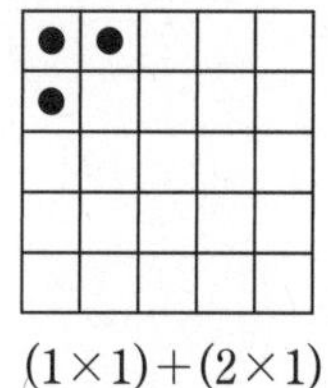

$(1\times1)+(2\times1)$
$+(1\times2)$

(2) 가로 6칸, 세로 6칸의 모눈 칸을 이용하여 6을 나타낼 수 있는 방법은 다음과 같다.

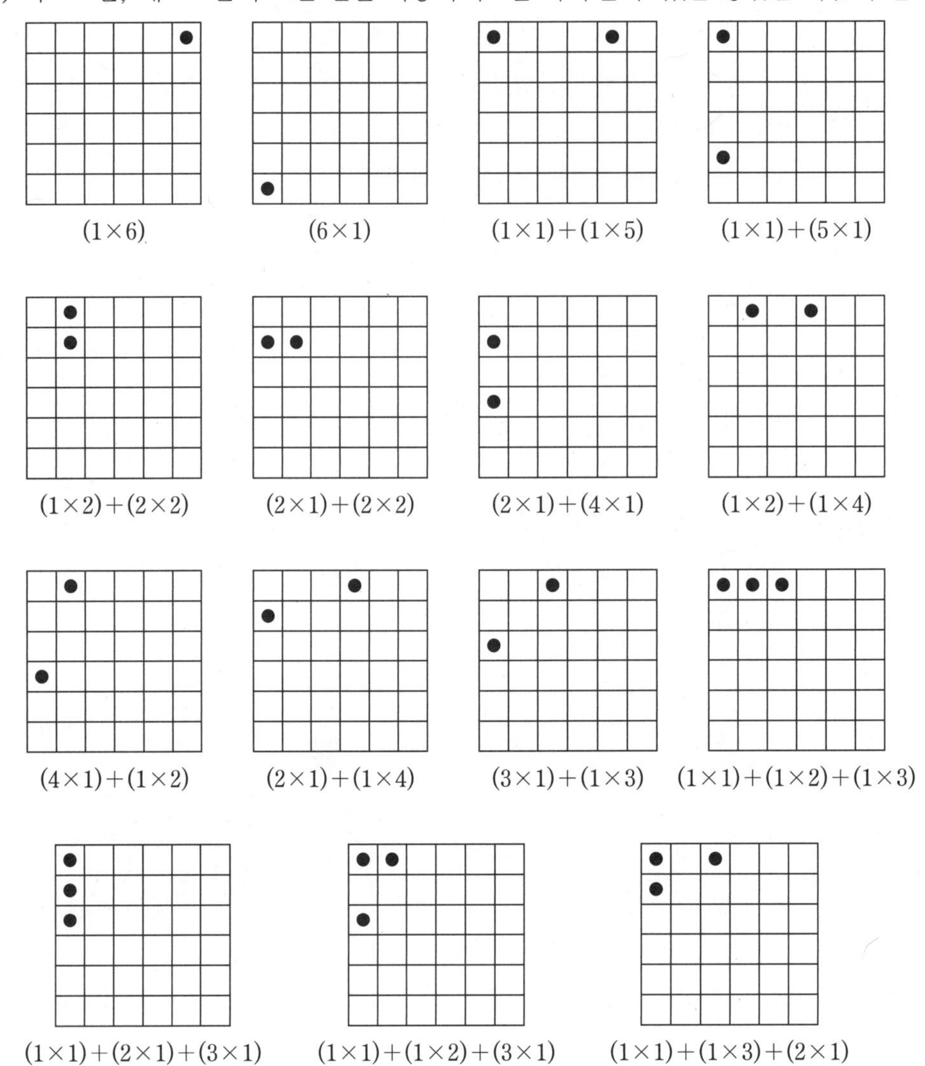

(3) 가로 12칸, 세로 12칸의 모눈 칸에 12를 나타낼 때, 점을 최대 3개까지만 이용할 수 있으므로 점의 개수로 구분하여 순서쌍으로 나타내어 본다.

먼저 점 1개로 1에서 12까지 수를 나타내는 방법의 수를 표로 나타내면 다음과 같다.

1	2	3	4	5	6
(1, 1) 의 1가지	(1, 2), (2, 1) 의 2가지	(1, 3), (3, 1) 의 2가지	(1, 4), (4, 1), (2, 2) 의 3가지	(1, 5), (5, 1) 의 2가지	(1, 6), (6, 1), (2, 3), (3, 2) 의 4가지
7	**8**	**9**	**10**	**11**	**12**
(1, 7), (7, 1) 의 2가지	(1, 8), (8, 1), (2, 4), (4, 2) 의 4가지	(1, 9), (9, 1), (3, 3) 의 3가지	(1, 10), (10, 1), (2, 5), (5, 2) 의 4가지	(1, 11), (11, 1) 의 2가지	(1, 12), (12, 1), (2, 6), (6, 2), (3, 4), (4, 3), 의 6가지

(ⅰ) 1개의 점으로 12를 나타내는 경우

위의 표에서 6가지이다.

(ⅱ) 2개의 점으로 12를 나타내는 경우

각각의 점이 나타내는 수의 합으로 구할 수 있다. 이때, 두 수의 합으로 12를 나타내는 방법은 $1+11$, $2+10$, $3+9$, $4+8$, $5+7$, $6+6$이다.

$1+11$에서 1을 나타내는 방법은 1가지, 11을 나타내는 방법은 2가지이므로 $1+11$을 나타내는 방법은 $1\times2=2$(가지)이다.

$2+10$에서 2를 나타내는 방법은 2가지, 10을 나타내는 방법은 4가지이므로 $2+10$을 나타내는 방법은 $2\times4=8$(가지)이다.

마찬가지 방법으로 구하면

$3+9$를 나타내는 방법은 $2\times3=6$(가지), $4+8$을 나타내는 방법은 $3\times4=12$(가지), $5+7$을 나타내는 방법은 $2\times2=4$(가지)이다.

이때, $6+6$을 나타내는 방법은 $(1, 6)+(6, 1)$, $(1, 6)+(2, 3)$, $(1, 6)+(3, 2)$, $(6, 1)+(2, 3)$, $(6, 1)+(3, 2)$, $(2, 3)+(3, 2)$의 6가지이다.

따라서 2개의 점으로 12를 나타내는 방법은 모두 $2+8+6+12+4+6=38$(가지)이다.

(ⅲ) 3개의 점으로 12를 나타내는 경우

각각의 점이 나타내는 수의 합으로 구할 수 있다. 이때, 세 수의 합으로 12를 나타내는 방법은 $1+2+9$, $1+3+8$, $1+4+7$, $1+5+6$, $2+2+8$, $2+3+7$, $2+4+6$, $2+5+5$, $3+3+6$, $3+4+5$, $4+4+4$이다.

(ⅱ)와 같은 방법으로 구하면

$1+2+9$를 나타내는 방법은 $1\times2\times3=6$(가지), $1+3+8$을 나타내는 방법은 $1\times2\times4=8$(가지), $1+4+7$을 나타내는 방법은 $1\times3\times2=6$(가지), $1+5+6$을 나타내는 방법은 $1\times2\times4=8$(가지), $2+3+7$을 나타내는 방법은 $2\times2\times2=8$(가지), $2+4+6$을 나타내는 방법은 $2\times3\times4=24$(가지), $3+4+5$를 나타내는 방법은 $2\times3\times2=12$(가지)이다.

이때, 같은 수가 2번 더해지는 $2+2+8$, $2+5+5$, $3+3+6$은 같은 수의 점의 위치는 정해지므로 나머지 수를 나타내는 방법의 수로 구할 수 있다. 즉, $2+2+8$을 나타내는 방법의 수는 8을 나타내는 방법의 수와 같으므로 4가지, $2+5+5$를 나타내는 방법의 수는 2를 나타내는 방법의 수와 같으므로 2가지, $3+3+6$을 나타내는 방법의 수는 6을 나타내는 방법의 수와 같으므로 4가지이다.

마지막으로 같은 수가 3번 더해지는 $4+4+4$를 나타내는 방법은 $(1, 4)+(4, 1)+(2, 2)$의 1가지이다.

따라서 3개의 점으로 12를 나타내는 방법은 모두 $6+8+6+8+8+24+12+4+2+4+1=83$(가지)이다.

(ⅰ), (ⅱ), (ⅲ)에서 구하는 방법의 수는 $6+38+83=127$(가지)이다.

경시대회 대비

1

정답 14점

해설 가위바위보 게임에서 비긴 경우는 없으므로 가위바위보 게임에서 이긴 총 횟수와 가위바위보 게임에서 진 총 횟수는 서로 같다.
막대그래프를 이용하여 가위바위보 게임에서 이긴 총 횟수를 구하면 지은이가 이긴 횟수는 15회, 시윤이가 이긴 횟수는 10회, 재영이가 이긴 횟수는 13회이므로
$15+10+13=38$(회)이다.
이때, 가위바위보 게임에서 진 횟수를 나타낸 막대그래프에서 지은이가 진 횟수는 11회, 시윤이가 진 횟수는 10회이므로 재영이가 진 횟수는 $38-11-10=17$(회)이다.
따라서 재영이가 얻은 점수는 $13\times5=65$(점), 잃은 점수는 $17\times3=51$(점)이므로 재영이의 점수는 $65-51=14$(점)이다.

2

정답 1290000원

해설 요일별 제품의 생산량을 조사하여 나타낸 그래프에서 월요일 제품의 생산량은 1400개, 목요일 제품의 생산량은 1700개이므로 화요일과 수요일 제품의 생산량의 합은
$5100-1400-1700=2000$(개)이다.
수요일 제품의 생산량을 □개라 할 때, 화요일 제품 생산량보다 수요일 제품의 생산량이 200개 더 많으므로 $\square-200+\square=2000$에서 $\square=1100$이다. 즉, 수요일 제품의 생산량은 1100개이다.
수요일 제품별 생산량을 조사하여 나타낸 막대그래프에서 생산량의 세로 눈금 5칸이 200개를 나타내므로 세로 눈금 한 칸의 크기는 $200\div5=40$(개)이다.
수요일 제품 A의 생산량은 $9\times40=360$(개), 제품 C의 생산량은 $7\times40=280$(개), 제품 D의 생산량은 $4\times40=160$(개)이다.
따라서 수요일 제품 B의 생산량은 $1100-360-280-160=300$(개)이고, 제품 B의 판매 가격이 4300원이므로 수요일 제품 B의 총 판매 금액은 $300\times4300=1290000$(원)이다.

다른 풀이

요일별 제품 생산량을 조사하여 나타낸 그래프에서 월요일 제품의 생산량은 1400개, 목요일 제품의 생산량은 1700개이므로 화요일과 수요일 제품의 생산량의 합은
$5100-1400-1700=2000$(개)이다.
수요일 제품별 생산량을 조사하여 나타낸 막대그래프에서 생산량의 세로 눈금 5칸이 200개를 나타내므로 세로 눈금 한 칸의 크기는 $200\div5=40$(개)이다.
수요일 제품 A의 생산량은 $9\times40=360$(개), 제품 C의 생산량은 $7\times40=280$(개), 제품 D의 생산량은 $4\times40=160$(개)이다. 수요일 제품 B의 생산량을 □개라고 하면 수요일 제품 생산량의 합은 $360+280+160+\square=800+\square$(개)이다.

이때, 화요일 제품 생산량보다 수요일의 제품 생산량이 200개 많으므로 화요일 제품 생산량은 (600+□)개이다.
한편, 화요일과 수요일 제품의 생산량의 합은 2000개이므로 600+□+800+□=2000에서 □+□=600, 즉 □=300이다.
따라서 수요일 제품 B의 생산량은 300개이고, 제품 B의 판매 가격이 4300원이므로 수요일 제품 B의 총 판매 금액은 300×4300=1290000(원)이다.

3

정답 6개

해설 막대그래프에서 화살을 넣은 개수의 세로 눈금 5칸이 10개를 나타내므로 세로 눈금 한 칸의 크기는 10÷5=2(개)이다.
재우는 5점짜리 원통에 화살 16개, 2점짜리 원통에 화살 10개를 넣었으므로 재우가 얻은 점수는 16×5+10×2=80+20=100(점)이다.
또, 나래는 5점짜리 원통에 화살 4개, 2점짜리 원통에 화살 14개를 넣었으므로 나래가 얻은 점수는 4×5+14×2=20+28=48(점)이다.
수호가 얻은 점수를 □점이라 하면 세현이가 얻은 점수는 (□+50)점이고, 재우네 모둠이 얻은 점수는 총 290점이므로 100+□+□+50+48=290에서 □+□=92, □=46이다.
즉, 수호가 얻은 점수는 46점이고, 세현이가 얻은 점수는 96점이다.
세현이가 2점짜리 원통에 화살을 넣어 얻은 점수는 18×2=36(점)이므로 세현이가 5점짜리 원통에 화살을 넣어 얻은 점수는 60점이다. 즉, 세현이가 5점짜리 원통에 넣은 화살의 개수는 60÷5=12(개)이다.
나래가 5점짜리 원통에 화살을 넣어 얻은 점수는 20점이므로 수호가 2점짜리 원통에 화살을 넣어 얻은 점수는 16점이다. 이때, 수호가 얻은 점수는 46점이므로 수호가 5점짜리 원통에 넣어 얻은 점수는 30점이다. 즉, 수호가 5점짜리 원통에 넣은 화살의 개수는
30÷5=6(개)이다.
따라서 수호가 5점짜리 원통에 넣은 화살의 개수와 세현이가 5점짜리 원통에 넣은 화살의 개수의 차는 12−6=6(개)이다.

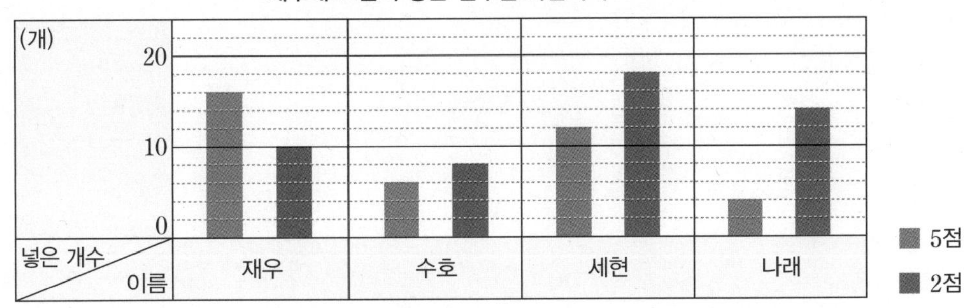

4

정답 ㉠=11, ㉡=7, ㉢=21, ㉣=7

해설 1모둠의 모금액은 $14\times500+18\times100=7000+1800=8800$(원)이고, 4모둠의 모금액은 $6\times500+8\times100=3000+800=3800$(원)이다. 조건 ②에 의해 2모둠의 모금액을 □원이라 하면 3모둠의 모금액은 (□+5000)원이므로

8800+□+□+5000+3800=30000에서 □+□=12400, 즉 □=6200이다.

따라서 2모둠의 모금액은 6200원이고, 3모둠의 모금액은 $6200+5000=11200$(원)이다.

조건 ③에서 2모둠과 3모둠 모두 500원짜리 동전의 개수가 100원짜리 동전의 개수보다 많으므로 가능한 경우를 정리하여 표로 나타내면 다음과 같다.

(ⅰ) 2모둠의 모금 결과로 가능한 경우

2모둠의 모금액	500원짜리 동전의 금액	100원짜리 동전의 금액	동전 개수의 합
6200원	$500\times12=6000$(원)	$100\times2=200$(원)	14개
6200원	$500\times11=5500$(원)	$100\times7=700$(원)	18개

(ⅱ) 3모둠의 모금 결과로 가능한 경우

3모둠의 모금액	500원짜리 동전의 금액	100원짜리 동전의 금액	동전 개수의 합
11200원	$500\times22=11000$(원)	$100\times2=200$(원)	24개
11200원	$500\times21=10500$(원)	$100\times7=700$(원)	28개
11200원	$500\times20=10000$(원)	$100\times12=1200$(원)	32개
11200원	$500\times19=9500$(원)	$100\times17=1700$(원)	36개

1모둠과 4모둠에서 모은 동전의 개수의 합은 $14+18+6+8=46$(개)이므로 조건 ④에 의해 2모둠과 3모둠에서 모은 동전의 개수의 합은 46개이다. 이를 만족하는 경우는 2모둠이 14개, 3모둠이 32개이거나 2모둠이 18개, 3모둠이 28개인 경우이다.

한편, 조건 ①에서 네 모둠에서 모은 동전의 개수의 합은 모두 다르다고 했으므로 동전의 개수의 합은 2모둠이 18개, 3모둠이 28개이다.

따라서 ㉠=11, ㉡=7, ㉢=21, ㉣=7이다.

영재교육원 대비

1

정답 (1) 28개
(2) 5가지
(3) 34가지

해설 (1) 도미노를 만드는 숫자판의 눈의 수를 순서쌍으로 나타내어 정리하면 다음 표와 같다.

	0	1	2	3	4	5	6
0	(0, 0)	(0, 1)	(0, 2)	(0, 3)	(0, 4)	(0, 5)	(0, 6)
1	(1, 0)	(1, 1)	(1, 2)	(1, 3)	(1, 4)	(1, 5)	(1, 6)
2	(2, 0)	(2, 1)	(2, 2)	(2, 3)	(2, 4)	(2, 5)	(2, 6)
3	(3, 0)	(3, 1)	(3, 2)	(3, 3)	(3, 4)	(3, 5)	(3, 6)
4	(4, 0)	(4, 1)	(4, 2)	(4, 3)	(4, 4)	(4, 5)	(4, 6)
5	(5, 0)	(5, 1)	(5, 2)	(5, 3)	(5, 4)	(5, 5)	(5, 6)
6	(6, 0)	(6, 1)	(6, 2)	(6, 3)	(6, 4)	(6, 5)	(6, 6)

이때, 두 눈이 같은 경우인 대각선을 기준으로 위와 아래는 돌렸을 때 같은 모양이다. 즉, 대각선을 기준으로 위 또는 아래의 개수를 세면 만들 수 있는 도미노의 개수이다. 따라서 구하는 도미노의 개수는 28개이다.

(2) 0과 8, 1과 7, 2와 6, 3과 5, 4와 4의 5가지이다.

(3) 도미노의 수가 2가 되는 (1, 1) 또는 (2, 0)인 도미노 1개에 서로 다른 2개의 도미노를 이어 붙여 도미노의 수의 합이 10이 되는 경우를 구하는 것이므로 새로 붙이는 서로 다른 도미노 2개의 도미노의 수의 합이 8이 되어야 한다. 문제 (2)에서 0부터 8까지의 수 중에서 2개를 더했을 때, 그 합이 8인 경우는 0과 8, 1과 7, 2와 6, 3과 5, 4와 4의 5가지 경우이다. 즉, 앞의 도미노의 수가 0일 때는 뒤에 오는 도미노의 수는 8, 앞의 도미노의 수가 1일 때는 뒤에 오는 도미노의 수는 7, 앞의 도미노의 수가 2일 때는 뒤에 오는 도미노의 수는 6, 앞의 도미노의 수가 3일 때는 뒤에 오는 도미노의 수는 5, 앞의 도미노의 수가 4일 때는 뒤에 오는 도미노의 수는 4가 된다.
도미노의 수가 나올 수 있는 경우를 순서쌍으로 나타내면 다음과 같다.

도미노의 수	0	1	2	3	4	5	6	7	8
도미노가 나올 수 있는 순서쌍	(0, 0)	(0, 1)	(0, 2), (1, 1)	(0, 3), (1, 2)	(0, 4), (1, 3), (2, 2)	(0, 5), (1, 4), (2, 3)	(0, 6), (1, 5), (2, 4), (3, 3)	(1, 6), (2, 5), (3, 4)	(2, 6), (3, 5), (4, 4)
도미노의 가짓수	1가지	1가지	2가지	2가지	3가지	3가지	4가지	3가지	3가지

서로 다른 2개의 도미노의 수의 합이 8이 되는 경우를 표로 정리하여 나타내면 다음과 같다.

도미노의 수의 합이 8이 되는 경우	0과 8		1과 7		2와 6		3과 5		4와 4	
도미노의 수	0	8	1	7	2	6	3	5	4	4
도미노의 가짓수	1	3	1	3	2	4	2	3	3	3
총 가짓수	3		3		8		6		3	

이때, 도미노의 수의 합을 구할 때 도미노의 순서는 생각하지 않으므로 도미노의 수가 4와 4인 경우는 3가지만 나오게 된다.

맨 앞에 도미노의 수가 2인 도미노  또는  에 이어 붙이는 것이므로 만들 수 있는 도미노의 경우의 수는 각각의 총 가짓수에 2를 곱해줘야 한다.

한편, 도미노의 수의 합을 구할 때 도미노의 순서는 생각하지 않고, 서로 다른 도미노를 사용해야 하므로 도미노의 수의 합이 2와 6인 경우는 맨 앞의 도미노의 모양에 의해 결정되므로 4가지만 나오게 된다.

따라서 가능한 모든 경우의 수는 $6+6+4+12+6=34$(가지)이다.

2

정답 (1) 42분

(2) 물통에 담은 물의 양

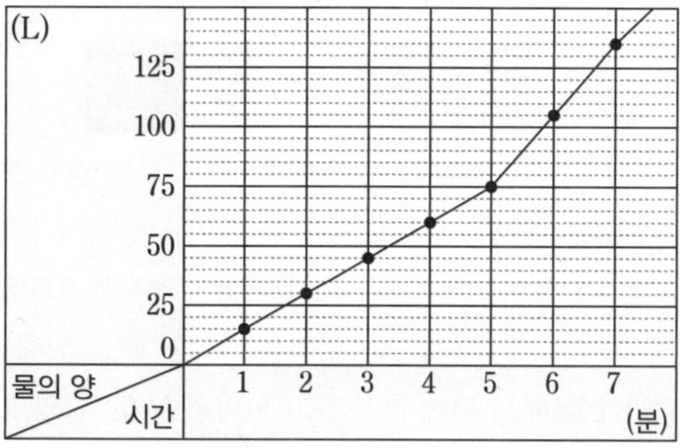

(3) $18\frac{25}{75}\left(=18\frac{1}{3}\right)$분

해설 (1) 수도꼭지 1개에서 일정한 양의 물이 나오므로 물통에 담은 물의 양은 일정하게 늘어난다. 꺾은선그래프에서 물의 양의 세로 눈금 5칸이 25 L를 나타내므로 세로 눈금 한 칸의 크기는 $25\div5=5$ (L)이고, 1분에 $3\times5=15$ (L)씩 채워진다.

따라서 수도꼭지 1개로 들이가 630 L인 물통을 가득 채우는 데 걸리는 시간은 $630\div15=42$(분)이다.

(2) 처음부터 5분까지는 수도꼭지 1개로 채우므로 15 L씩 늘어나다가 5분 이후부터는 같은 양의 물이 나오는 수도꼭지를 1개 더 추가하여 채우므로 1분에 30 L씩 물통에 담은 물의 양이 늘어날 것이다. 따라서 그래프로 나타내면 다음 그림과 같다.

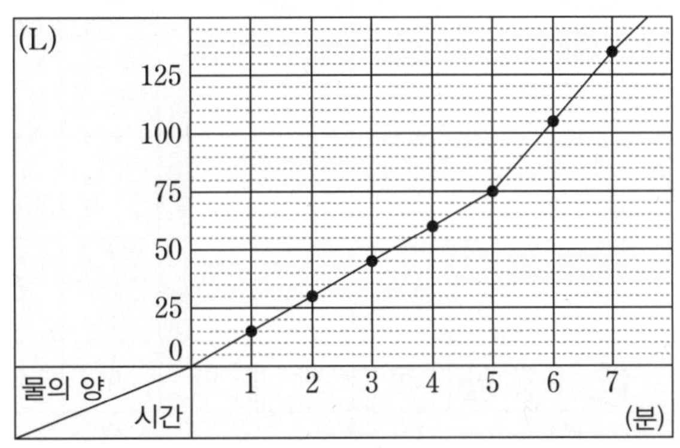

(3) 시간에 따라 물을 튼 수도꼭지의 개수가 다르므로 각 시간별로 채워지는 물의 양을 정리하여 표로 나타내면 다음과 같다.

시간	0분~1분	1분~3분	3분~6분	7분~11분	11분 이후
튼 수도꼭지의 개수	1개	2개	3개	4개	5개
1분당 채워지는 물의 양	15 L	30 L	45 L	60 L	75 L
시간에 따라 채워지는 총 물의 양	15×1 $=15$ (L)	30×2 $=60$ (L)	45×3 $=135$ (L)	60×4 $=240$ (L)	−

물통에 물을 채우기 시작하여 11분까지 채워진 물의 양은

$15+60+135+240=450$ (L)이고, 들이가 1000 L인 물통을 채워야 하므로

$1000-450=550$ (L)를 더 채워야 한다. 11분 이후부터는 1분에 75 L씩 채워지므로

$550\div75=\frac{550}{75}=7\frac{25}{75}\left(=7\frac{1}{3}\right)$(분)이 더 지나야 한다.

따라서 들이가 1000 L인 물통을 채우는 데 걸리는 시간은

$11+7\frac{25}{75}\left(=7\frac{1}{3}\right)=18\frac{25}{75}\left(=18\frac{1}{3}\right)$(분)이다.

3

정답 (1) 6번

(2) 66초

(3)

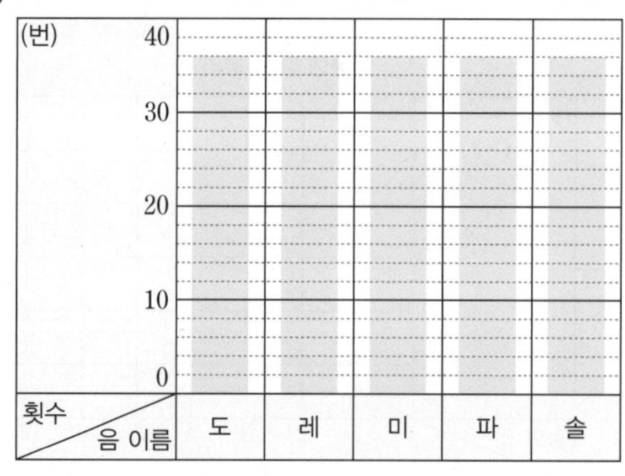

해설 (1) 로봇의 연주 규칙에서 '도 → 레 → 미 → 파 → 솔 → 솔 → 파 → 미 → 레 → 도'가 한 마디가 되어 반복되는 것을 알 수 있다. 즉, 한 마디에 10개의 음이 나올 동안 도, 레, 미, 파, 솔은 각각 2번씩 나온다. 로봇은 1초 동안 1개의 음을 연주하므로 10개의 음을 연주하는 데 걸리는 시간은 10초이다.

따라서 30초 동안 한 마디가 3번 반복되므로 30초 동안 '도' 음은 $2\times3=6$(번) 나온다.

(2) 로봇이 일정 시간 동안 연주할 때, 도는 13번, 레는 13번, 미는 13번, 파는 13번, 솔은 14번 나오므로 솔만 한 번 더 많이 쳤다. 즉, 연주 규칙의 '도 → 레 → 미 → 파 → 솔 → 솔 → 파 → 미 → 레 → 도' 중에서 '도 → 레 → 미 → 파 → 솔 → 솔'까지 연주했음을 알 수 있다. 한 마디 10개의 음이 나올 동안 도, 레, 미, 파, 솔은 각각 2번씩 나오므로 이 마디를 6번 반복한 60초 후에는 도, 레, 미, 파, 솔이 각각 12번씩 나온다. 이후 6초 동안 '도 → 레 → 미 → 파 → 솔 → 솔'을 연주하면 도는 13번, 레는 13번, 미는 13번, 파는 13번, 솔은 14번 나온다.

따라서 로봇이 연주한 시간은 66초이다.

다른 풀이

빠르기가 1이므로 1개의 음을 연주하는 데 걸리는 시간은 1초이다.

로봇이 일정 시간 동안 연주할 때, 각각의 음이 나오는 횟수가 도는 13번, 레는 13번, 미는 13번, 파는 13번, 솔은 14번이므로 연주하는 총 음의 수는

$13+13+13+13+14=66$(번)이다.

따라서 로봇이 연주한 시간은 $1\times66=66$(초)이다.

(3) 빠르기를 3, 즉 1초 동안 연주하는 음이 3개이므로 1개의 음을 연주하는 데 걸리는 시간은 $\frac{1}{3}$초이다. 이때, '도 → 레 → 미 → 파 → 솔 → 솔 → 파 → 미 → 레 → 도'의 한 마디를 연주하는 데 걸리는 시간은 $3\frac{1}{3}$초이다. 또, 한 마디를 3번 반복해서 연주하는 데 걸리는 시간은 $3\frac{1}{3}\times3=10$(초)이다. 즉, 1분 동안 한 마디를 $3\times6=18$(번) 연주했다.

한편, 한 마디 10개의 음이 나올 동안 도, 레, 미, 파, 솔은 각각 2번씩 나오므로 이 마디를 18번 반복한 60초 후에는 도, 레, 미, 파, 솔이 각각 36번씩 나온다.
따라서 1분 동안 연주할 때 각각의 음이 나오는 횟수를 조사하여 막대그래프로 나타내면 다음과 같다.

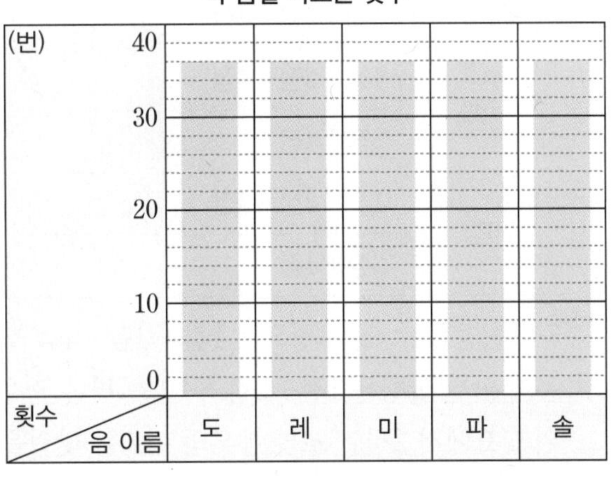

4

정답 (1) 32명
(2) 7명
(3) 3명

해설 (1) 그림그래프를 표로 나타내면 다음과 같다.

봉투별 문제를 맞힌 학생 수

퀴즈 봉투	점수	문제를 맞힌 학생 수
노란 봉투	1점	26명
초록 봉투	2점	25명
파란 봉투	3점	24명
빨간 봉투	4점	20명

점수별 학생 수

점수	학생 수
10점	2명
9점	3명
8점	5명
7점	
6점	13명

두 그림그래프에서 점수의 총합이 서로 같아야 한다.
7점을 얻은 학생 수를 □명이라 할 때,
(봉투별 점수의 합)$=26\times1+25\times2+24\times3+20\times4=228$(점)이므로
$10\times2+9\times3+8\times5+7\times\square+6\times13=228$(점)이다.
즉, $165+7\times\square=228$에서 $7\times\square=63$, 즉 $\square=9$이다.
따라서 진주네 반 학생 수는 $2+3+5+9+13=32$(명)이다.

(2) 각 점수를 얻을 수 있는 경우를 정리하여 표로 나타내면 다음과 같다.

점수	점수를 얻을 수 있는 경우	학생 수(명)	
10점	1점+2점+3점+4점	2	
9점	2점+3점+4점	3	
8점	1점+3점+4점	5	
7점	1점+2점+4점	9	□
	3점+4점		9−□
6점	1점+2점+3점	13	
	2점+4점		

7점을 얻을 수 있는 경우는 1점+2점+4점 또는 3점+4점을 얻는 경우이고, 퀴즈를 세 문제 맞힌 학생은 1점+2점+4점을 받은 경우이다. 이때, 학생 수를 □명이라고 하자. 위의 표에서 2점인 초록 봉투의 퀴즈를 맞췄을 경우의 점수는 6점, 7점, 9점, 10점이고, 이때 각 점수별 학생 수는 13명, □명, 3명, 2명이다. 2점인 초록 봉투의 문제를 맞힌 학생은 모두 25명이므로 2+3+□+13=25, □=7이다.
따라서 퀴즈를 세 문제 맞힌 학생은 7명이다.

(3) 퀴즈를 두 문제 맞힌 학생은 6점과 7점을 얻을 수 있다. (1), (2)에서 7점을 얻은 학생은 9명이고, 이 중에서 퀴즈를 세 문제 맞힌 학생은 7명이므로 퀴즈를 두 문제 맞힌 학생은 2명이다. 이를 정리하여 표로 나타내면 다음과 같다.

점수	학생 수	점수를 얻을 수 있는 경우	1점	2점	3점	4점
10점	2명	1점+2점+3점+4점	2명	2명	2명	2명
9점	3명	2점+3점+4점		3명	3명	3명
8점	5명	1점+3점+4점	5명		5명	5명
7점	9명	1점+2점+4점	7명	7명		7명
		3점+4점			2명	2명
6점	13명	1점+2점+3점				
		2점+4점				
각 점수별 문제를 맞춘 학생 수			**26명**	**25명**	**24명**	**20명**

위의 표에서 3점인 파란 봉투의 퀴즈를 맞힌 학생 수는 24명이므로 6점을 얻을 수 있는 경우에서 퀴즈를 세 문제 맞힌 학생 수는 24−(2+3+5+2)=12(명)이다. 이때, 6점을 얻을 수 있는 경우에서 퀴즈를 두 문제 맞힌 학생 수는 13−12=1(명)이다.
따라서 퀴즈를 두 문제 맞힌 학생 수는 2+1=3(명)이다.

MEMO

MEMO

좋은 책을 만드는 길, 독자님과 함께하겠습니다.

한 권으로 끝내는 영재 사고력 수학 단원별 · 유형별 실전문제집 초등 4학년

초 판 발 행	2025년 04월 10일 (인쇄 2025년 02월 28일)
발 행 인	박영일
책 임 편 집	이해욱
편 저	클사람수학연구소
편 집 진 행	이미림
표지디자인	하연주
편집디자인	박지은 · 고현준
발 행 처	(주)시대에듀
출 판 등 록	제10-1521호
주 소	서울시 마포구 큰우물로 75 [도화동 538 성지 B/D] 9F
전 화	1600-3600
팩 스	02-701-8823
홈 페 이 지	www.sdedu.co.kr
I S B N	979-11-383-8428-5 (63410)
정 가	20,000원

한 권으로 끝내는 **대학부설 · 교육청 영재교육원** 및 **각종 경시대회** 완벽 대비

초등 4학년